日本の
環境・人・暮らしが
よくわかる本

浦野 紘平・浦野 真弥　共著

本書に掲載されている会社名・製品名は、一般に各社の登録商標または商標です。

本書を発行するにあたって、内容に誤りのないようできる限りの注意を払いましたが、本書の内容を適用した結果生じたこと、また、適用できなかった結果について、著者、出版社とも一切の責任を負いませんのでご了承ください。

　本書は、「著作権法」によって、著作権等の権利が保護されている著作物です。本書の複製権・翻訳権・上映権・譲渡権・公衆送信権（送信可能化権を含む）は著作権者が保有しています。本書の全部または一部につき、無断で転載、複写複製、電子的装置への入力等をされると、著作権等の権利侵害となる場合があります。また、代行業者等の第三者によるスキャンやデジタル化は、たとえ個人や家庭内での利用であっても著作権法上認められておりませんので、ご注意ください。

　本書の無断複写は、著作権法上の制限事項を除き、禁じられています。本書の複写複製を希望される場合は、そのつど事前に下記へ連絡して許諾を得てください。

出版者著作権管理機構
（電話 03-5244-5088, FAX 03-5244-5089, e-mail : info@jcopy.or.jp）

JCOPY ＜出版者著作権管理機構 委託出版物＞

はじめに

　第２次世界大戦から約70年を過ぎて日本は大きく変わりました。

　また、世界も大きく変わり、日本の立場や将来についての見通しもよくわからなくなっています。

　一方、日本への外国人の留学生や旅行者（訪日外国人）の数は過去最多となり、居住者（在留外国人）も急増しています。また、日本人の海外旅行者や海外居住者（海外在留邦人）も大幅に増え、経済も国際化してきています。

　特に、2020年の東京オリンピックを契機に、訪日・在留外国人が一層増えると見込まれます。また、このオリンピックでは、公式のガイドのほか、ボランティアのガイドもたくさん活躍します。

　世界の中の日本や日本人の状況については、総務省統計局が世界の統計 (1) や日本の統計 (2) を示していますので、これらによってもある程度は知ることができますが、私たちは本当に、日本や日本人、つまり自分たちの国や自分たちのことをよく知っているのでしょうか？

　また、多くの日本人は、日本が中心にある世界地図で世界のことを学び、世界の人々は日本のことをよく知っていると思っています。

　ところが、ヨーロッパやアメリカの世界地図では、日本は東の端（極！東）にある小さな国と位置付けられ、多くの欧米人は日本のことをほとんど知らないのが実情です。ときには、「日本人の多くの男はチョンマゲで、多くの女は日本髪であり、みんなが和服を着て生活している」というような日本の紹介資料がいまだに使われていることもあります。

本文中の (1) (2) 等の下つき文字は、巻末に掲載する引用・参考情報の番号です。

iii

著者らはときどき、自分が日本にいる外国人だと思って、身の回り、および旅行先の人や町村と設備を見てみることにしています。そうすると、当たり前と思っていることがとても珍しく見えたり、特別に見えることがたくさんあります。

　そこで、日本はどんなところで、どんな人が何人いて、どんな基盤があり、外国との関係はどうなっていて、どんな施設や店があり、日本人はどんな日常生活をしているのか等について、データを示しながら、改めて分かりやすくまとめてみることにしました。

　これからは、国際交流に携わっている人達はもとより、一般の人達も今まで以上に日本という国と日本人のことをよく知り、よく考えた上で暮らし、また、外国人と接して相互理解をし、多くの国と一層の協力を進めていくことが不可欠になります。

　この本が、日本と日本人の理解に役に立ち、世界の中での日本の真の発展に多少とも役立つことを心より願っています。

　本書のテーマはちょうど100にしてありますが、読者の皆様には、他にも興味のあることがあると思いますので、この本をきっかけに、日本と日本人について、さらに調べてくださることも期待しています。

　なお、引用・参考情報は、2019年発行時点での最新情報としています。必要な部分については、数年程度ごとに更新する予定です。

　2019年6月

　　　　　　　　　　　　　　　　　　　　浦野 紘平・浦野 真弥

目　次

chapter 1　日本はどんなところ？────1

- **1** 陸地面積はどのくらい？
- **2** 陸地の森林面積割合はどのくらい？
- **3** 陸地の耕地面積割合はどのくらい？
- **4** 湖沼の数と湖沼面積はどのくらい？
- **5** 島の数と海岸線の長さはどのくらい？
- **6** 河川水系の数と流域面積はどのくらい？
- **7** 火山・温泉地と大きな自然災害の数はどのくらい？
- **8** 気候と気温はどのくらい？
- **9** 水資源量と各種用水量はどのくらい？
- **10** 確認生物種・固有生物種と絶滅種の数はどのくらい？

chapter 2　日本人ってどんな人たち？ ────23

- **11** 日本人の起源と定義はどうなっているの？
- **12** 人口と人口密度はどのくらい？
- **13** 平均寿命と平均余命はどのくらい？
- **14** 貧困率と幸福度はどのくらい？
- **15** 婚姻率・離婚率と出生数はどのくらい？
- **16** 健康保険加入率と医療機関受診回数はどのくらい？
- **17** 死亡率と事故死者・自殺者の人数はどのくらい？
- **18** 就業者の人数と失業率はどのくらい？

v

19 農業就業者と漁業就業者の人数はどのくらい？

20 製造業・建設業・サービス業従事者の人数はどのくらい？

21 研究者とノーベル賞受賞者の人数はどのくらい？

22 議員と公務員の人数はどのくらい？

23 女性労働者と女性議員の人数はどのくらい？

24 医師の人数はどのくらい？

25 歯科医師・薬剤師・看護師の人数はどのくらい？

26 芸術家・プロスポーツ選手の人数はどのくらい？

27 検定資格の数と受験者の人数はどのくらい？

28 犯罪件数と検挙者の人数はどのくらい？

chapter 3　日本の基盤は大丈夫なの？ —— 61

29 国内総生産 (GDP) と国家予算はどのくらい？

30 防衛費と米軍基地関連予算はどのくらい？

31 教育予算はどのくらい？

32 財政収支・経済成長率と開発途上国への貢献度はどのくらい？

33 研究開発費はどのくらい？

34 特許出願件数と特許取得件数はどのくらい？

35 ロボット技術の利用と市場予測額はどのくらい？

36 業種別事業所数と中小企業数はどのくらい？

37 物価はどのくらい？

38 給与所得者の平均年収はどのくらい？

39 地方公務員と地方自治体議員の年収はどのくらい？

40 工業生産額と業種別売上額・利益はどのくらい？

41 農林水産物の産出額はどのくらい？

42 卸売業と小売業の年間商品販売額はどのくらい？

43 外国人留学生の人数はどのくらい？

chapter 4

日本はどれだけ外国に頼っているの？————93

44 海外在留邦人と在留外国人の人数はどのくらい？

45 訪日外国人の人数はどのくらい？

46 貿易額はどのくらい？

47 化石燃料の輸出入額はどのくらい？

48 技術の輸出入額はどのくらい？

49 農林水産物全体の輸出入額はどのくらい？

50 食料全体の自給率と輸出入額はどのくらい？

51 穀物の消費量と輸出入額はどのくらい？

52 野菜・果物の消費量と輸出入額はどのくらい？

53 魚介類の消費量と輸出入額はどのくらい？

54 食肉・鶏卵の消費量と輸出入額はどのくらい？

55 紙の消費量と輸出入額はどのくらい？

56 金属類の消費量と輸出入額はどのくらい？

chapter 5

日本にはどんな施設があるの？ ———— 121

57 保育園と幼稚園の数はどのくらい？

58 小中学校・高等学校・短期大学・大学の数はどのくらい？

59 専修学校・専門学校と予備校・塾の数はどのくらい？

60 水道と汚水処理施設の普及率はどのくらい？

61 火力・原子力発電施設の発電量と
　　　　再生可能エネルギー利用はどのくらい？

62 鉄道距離・道路距離と飛行場の数はどのくらい？

63 公園・遊園地・テーマパークの数はどのくらい？

64 図書館と書店の数はどのくらい？

65 博物館・美術館の数はどのくらい？

66 郵便局・ゆうちょ銀行の数はどのくらい？

67 病院・一般診療所と歯科診療所の数はどのくらい？

68 介護事業所・介護施設の数はどのくらい？

69 給油所と駐車場の数はどのくらい？

70 廃棄物関連施設の数はどのくらい？

71 寺院・神社・教会等の数はどのくらい？

chapter 6

日本にはどんな店があるの？ —————————— 153

72 銀行・信用金庫等と消費者金融の数はどのくらい？

73 卸売店・小売店と不動産店の数はどのくらい？

74 スーパーマーケットとコンビニエンスストアの数はどのくらい？

75 ファストフード店とファミリーレストランの数はどのくらい？

76 ラーメン店・すし店・飲食店・喫茶店の数はどのくらい？

77 薬局・ドラッグストアとホームセンターの数はどのくらい？

78 家電量販店と100円ショップの数はどのくらい？

79 カラオケ店とパチンコ店・パチスロ店の数はどのくらい？

80 フィットネスクラブ・スポーツクラブの数はどのくらい？

81 マッサージ・指圧・はり・きゅう等施術所の数はどのくらい？

82 リユース・リサイクル店の数はどのくらい？

83 結婚相談所の数はどのくらい？

84 葬儀社と墓地の数はどのくらい？

chapter 7
日本人の日常生活はどうなっているの？ ― 181

- 85 持ち家割合と住宅面積はどのくらい？
- 86 自動販売機の台数はどのくらい？
- 87 電子商取引数と宅配数はどのくらい？
- 88 海外旅行者と国内旅行者の人数はどのくらい？
- 89 バス・タクシー・ハイヤーの台数と利用者の人数はどのくらい？
- 90 乗用車と自転車の保有台数はどのくらい？
- 91 カラーテレビとパソコンの保有台数はどのくらい？
- 92 スマートフォンの普及率はどのくらい？
- 93 インターネット普及率とYouTubeの利用率はどのくらい？
- 94 防犯・監視カメラの設置台数はどのくらい？
- 95 温水洗浄便座の普及率はどのくらい？
- 96 新聞の定期購読世帯数と発行部数・電子版契約数はどのくらい？
- 97 書籍・雑誌・漫画の発行部数と販売額はどのくらい？
- 98 クレジットカードの発行枚数と利用額はどのくらい？
- 99 犬・猫の飼育数と殺処分数はどのくらい？
- 100 容器包装と食品廃棄物等の発生量・リサイクル量・処理量はどのくらい？

> それぞれのテーマの右ページ下に「ここを見てね」として、関連が深いテーマの番号を掲載しています。併せて読むと、より「日本」がよくわかりますよ！

chapter 1

日本は
どんなところ？

1　陸地面積はどのくらい?

　世界の陸地面積は約1億3,616万km²で、地域別では**図1**のようになっています(1)。すなわち、アジアの面積は北アメリカの面積の約1.5倍あります。
　また、2018年現在の**国別の陸地面積**は**図2**のようになっています(3)(4)。
　一方、**日本の陸地面積**は、世界244か国・地域中で62位の約377,900km²、世界の陸地面積の0.278%です(2)〜(5)。
　また、森林・原野、および湖沼を除いた人が住める**可住地面積と国土面積との割合**は、イギリスが約85%、アメリカが約75%、フランスが約72%、ドイツが約66%であるのに対して、日本は約27%しかありません(2013年現在)(6)。
　なお、日本の国土の約0.5%が**埋立地**とされています。『日本における海上埋立の変遷(7)』によると、埋立による人工島の造成は、平清盛による経が島の築島が最初とされています。埋立が本格化したのは高度成長期で、大阪南港、川崎の東扇島、長崎空港等が造成されました。
　国土地理院の調査では、埋立地や無人島を含めた2018年10月時点の**都道府県・市区町村別面積**が示され、その付録には湖沼面積や島面積、都道府県・市区町村数等も示されています(8)。

日本の陸地面積は小さく、しかも山が多く、人が住める面積割合が小さいので、このことを活かしたり、貿易を盛んにしたりすることが大切なんだよ

日本は狭い国だけど、頑張らなくちゃ!

日本はどんなところ？ chapter

| 図1 | 世界の地域別陸地面積 |

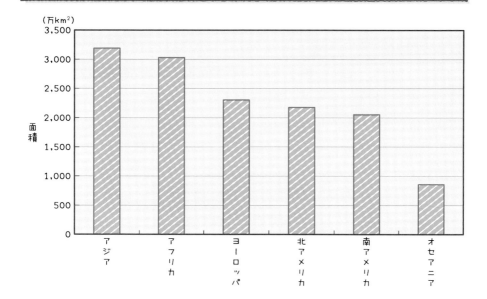

| 図2 | 陸地面積の大きな国と日本の陸地面積 |

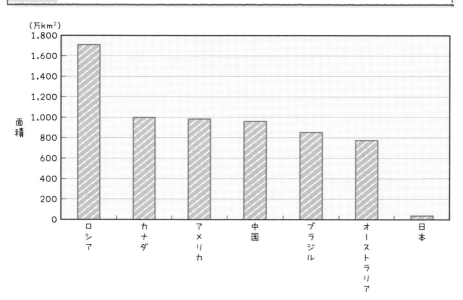

ここも見てね 2 3 4 8 12

2 陸地の森林面積割合はどのくらい?

　前述したように、日本の陸地面積は約3,779万ha（約377,900km^2）ですが、環境省や林野庁の統計によると、**森林面積**が約2,500万haあり、このうち、約1,300万haが天然林、約1,000万haが人工林、残り約200haが「無立木地」といわれる伐採跡地等となっています(9①②)(10)。

　一方、国連食料農業機関(FAO)が公表している「世界森林資源評価(FRA)2015(11)」によると、**森林面積割合の高い国は図3**のようであり、日本は国土の約2/3（68.5%）が森林とされ、世界の17位ですが、OECD加盟国の中では、フィンランドの73.1%に次いで第2位です(11)~(14)。

　さらに、1990年～2010年に森林面積が減少している国は**図4**、森林面積が増加している国は、**図5**のようになっています(15)(16)。

　なお、日本の森林面積は約2,500万ha前後で、45年間ほとんど変わっていません。また、「森林面積の割合ランキング」によると、2014年時点で森林面積割合が高い県は、高知県が83.4%、岐阜県の79.1%、山梨県の77.8%、島根県の77.5%、奈良県の76.9%、和歌山県の76.8%などです(17)。

　一方、森林面積割合が低い都府県は、大阪府の30.4%、茨城県の30.9%、千葉県の31.1%、埼玉県の32.2%、東京都の35.9%、神奈川県の39.0%などです。

日本は森林が多いので、森林を守りながら、うまく利用することが必要だけど、最近は輸入木材が増えて、林業をする人がすごく減って、森林が荒れているのよ

林業の人を応援し、森や林にいる動物たちも大切にする方法を考えなきゃ!

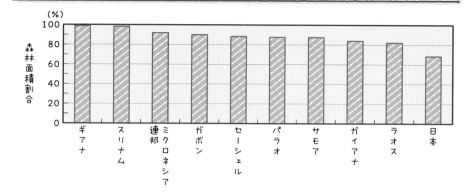

図3　森林面積率の高い国と日本の森林面積率

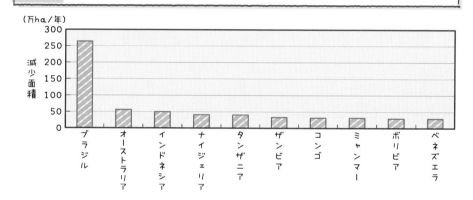

図4　森林が減少している国

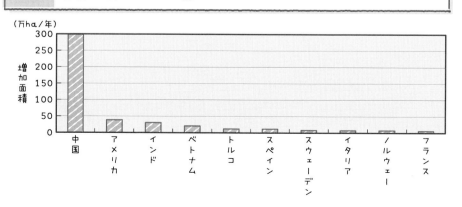

図5　森林が増加している国

3　陸地の耕地面積割合はどのくらい？

　農林水産省の統計によると、全国の**耕地面積**は447.1万ha、全陸地面積約3,779万haの約11.8%であり、その内訳は**図6**のようになっています（2016年7月15日現在）[18①②]。すなわち、田が54.4%あり、野菜畑は田の半分弱の25.7%、残りが樹園地と牧草地になっています。

　ただし、この耕地面積も、毎年0.3〜0.7%ずつ減少しています。

　また、**畑の減少**のうち、野菜畑の減少が約28.4%、樹園地の減少が約45.4%、牧草地の減少が約25.4%で、樹園地の減少割合が大きくなっています。

　一方、環境省やGLOBAL NOTE、および国際統計格付センターの統計によると、2012年時点での主要国と日本の**陸地の耕地面積割合**は**図7**に示すとおりであり、主要国の耕地面積割合は、日本の数倍以上です[19][20①②][21]。

　一方、寒冷地が多いロシアは、陸地面積約1,709.8万km^2の約12.5%しか耕地面積がありません。また、韓国は、陸地面積約10.0万km^2の約17.9%が耕地面積で、日本よりやや大きいものの、耕地面積割合が小さくなっています。

　さらに香港は、陸地面積約1,104km^2の約4.6%、シンガポールは陸地面積約697km^2の約1.0%しか耕地面積がありません。

日本の耕地面積は陸地面積の11.8%しかないけど、
田畑は、食料生産だけでなく、生態系の保全にとっても、とても大切なんだ

いろいろな生き物のためにも、
田畑を守らなければね！

| 図6 | 日本の田畑の面積と割合 |

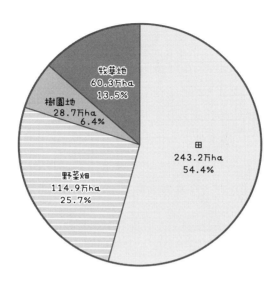

| 図7 | 主要国と日本の陸地面積に対する耕地面積の割合 |

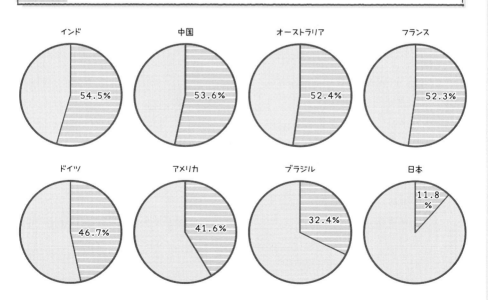

4 湖沼の数と湖沼面積はどのくらい？

　都道府県別の**天然湖沼の数と面積**は、**表1**のようになります[22]。

　なお、小さな湖沼は「池」と呼ばれていることもあります。また、天然の湖沼等が全くない都県が26都県あります。

　一方、**人造湖沼**は、**表2**のように、全都道府県にあります[22]。

　これらの人造湖沼は、洪水の防止(治水)とともに、水道用水、工業用水、農業(灌漑)用水等の確保、および水力発電(利水)のために造られたダムによるものです。

| 表1 | 都道府県別の天然湖沼の数と合計面積 | |

都道府県名	天然湖沼数	合計面積（km²）
北海道	49	729.23
青森県	10	158.66
宮城県	6	19.36
秋田県	3	54.54
福島県	7	130.14
茨城県	5	222.04
栃木県	1	1.90
群馬県	1	1.24
千葉県	3	14.68
神奈川県	1	7.03
新潟県	2	6.22
石川県	4	9.41
福井県	3	9.16
山梨県	4	18.85
長野県	4	20.68
静岡県	3	71.40
滋賀県	3	673.13
京都府	2	11.98
鳥取県	3	96.72
島根県	2	80.39
鹿児島県	2	12.11
合計	**118**	**2346.87**

8

日本はどんなところ？ ● chapter

表2　都道府県別の人造湖沼の数

都道府県名	人造湖沼数	都道府県名	人造湖沼数
北海道	84	滋賀県	6
青森県	14	京都府	8
岩手県	15	大阪府	3
宮城県	17	兵庫県	26
秋田県	17	奈良県	15
山形県	18	和歌山県	2
福島県	23	鳥取県	7
茨城県	7	島根県	14
栃木県	13	岡山県	10
群馬県	33	広島県	33
埼玉県	13	山口県	24
千葉県	10	徳島県	4
東京都	3	香川県	8
神奈川県	8	愛媛県	13
新潟県	17	高知県	11
富山県	11	福岡県	16
石川県	11	佐賀県	6
福井県	8	長崎県	11
山梨県	13	熊本県	6
長野県	29	大分県	8
岐阜県	30	宮崎県	7
静岡県	13	鹿児島県	4
愛知県	18	沖縄県	9
三重県	14		
		合計	690

ダムでできた人造湖沼は、全都道府県にあるから、近いところに行ってみるといいわよ

自分の家に来る水や電気が、どこから来るのか確かめてみよう！

ここも見てね　1　9　60

5 島の数と海岸線の長さはどのくらい？

　総務省の統計によると、2015年時点での日本の**島の数**は6,852とされ、これらの多くの島に周辺から渡ってきた人々が、日本人の起源になっています(ク)(23①②)。

　また、2016年の国土地理院の調査によると、面積が1km²以上の島は323とされています(24①)。

　さらに、(公財)日本離島センターの資料(25)に示された海上保安庁の数え方によると、島とは、以下の①～③を満たすものとされています。

①周囲が100m以上のもの
②何らかの形で本土と繋がっているものについては、橋や防波堤のような細い構造物で繋がっている場合は島として扱い、本土と一体化しているものは除外する
③埋立地は除外する

　また、有人島が418、無人島が6,430とされ、海上保安庁や総務省による島の数より4島(無人島)少なくなっています。すなわち、93.9%は**無人島**になります(23②)(26)。

　さらに、2018年の国土地理院と総務省統計局の調査によると、主要な島の面積、および**海岸線の長さ**と面積当たりの海岸線の長さは**表3**のようになっています(24②)(27)。また、日本の海岸線総延長は、世界第6位の約35,649km、面積1km²当たりの海岸線の長さは、本土を除く16島で0.388kmで、アメリカの約40倍もあるため、海岸線の防衛が重要になります(28)。

日本は縦長で、島も多いから、海岸線が長く、外国が勝手に入れない排他的経済水域が447万km²もあるんだよ

海岸線の長さが世界で第6位なんてすごいわね！

日本はどんなところ？ ● chapter

| 表3 | 主要な島の面積と海岸線長さ |

面積順位	島名	面積（km²）	海岸線の長さ（km）	面積当たりの海岸線の長さ（1/km）
1	本州（本土）	227,943.46	10,087	0.044
2	北海道（本土）	77,983.92	2,676	0.034
3	九州（本土）	36,782.38	3,888	0.106
4	四国（本土）	18,297.38	2,091	0.114
5	択捉島	3,166.64	662	0.209
6	国後島	1,489.27	356	0.239
7	沖縄本島	1,206.99	476	0.394
8	佐渡島	854.79	253	0.296
9	奄美大島	712.36	426	0.598
10	対馬	695.74	716	1.028
11	淡路島	592.51	168	0.284
12	天草下島	574.98	301	0.524
13	屋久島	504.29	132	0.262
14	種子島	444.30	165	0.371
15	福江島	326.34	257	0.788
16	西表島	289.62	129	0.445
17	徳之島	247.85	94	0.379
18	色丹島	247.65	153	0.618
19	島後	241.53	151	0.625
20	天草上島	225.95	142	0.629
上記合計		372,827.95	23,323	0.063
本土合計		361,007.14	18,742	0.052
本土以外合計		11,820.81	4,581	0.388

ここも見てね 11 30

6 河川水系の数と流域面積はどのくらい？

　河川は森林等から発し、重要な水資源となっています。
　河川には、国土交通省が管理する大きな**一級水系**とやや小さな**二級水系**、および都道府県が管理する**小河川**があります(29①)。
　一級水系とは、国土保全上または国民経済上、特に重要な水系で、国土交通省令により、水系ごとに名称と区間を指定された河川です。
　また、二級水系とは、一級水系以外で国土保全上または国民経済上、重要な水系で、都道府県知事が指定した河川で、「河川台帳」と「水利台帳」に関連事項が記載され、これらの台帳が都道府県に保管されています。
　国土交通省によると、2017年の一級水系の地方別の**河川水系の数**は**図8**に示すように、九州が最も多く、次いで中国、東北と北陸などとなっています。
　また、**全流域面積**は**図9**、**全流域人口**は**図10**のようになっています。
　河川の流域面積が大きいのは利根川水系の16,840km^2、石狩川水系の14,330km^2、信濃川水系の11,900km^2、北上川水系の10,150km^2、木曽川水系の9,100km^2、十勝川系の9,010km^{2}等となっています(29②)。
　なお、これらの図から一級河川の流域面積1km^{2}当たりの人口を計算してみると、北海道が約82人、東北が約150人、関東が約1,009人、北陸が約159人、中部が約322人、近畿が約699人、中国が約162人、四国が約121人、九州が約246人等となります。

関東や近畿は流域面積当たりの人口が多いので、川や水を特に大切にする必要があるのよ

北海道や東北は川の数が多く、流域面積も大きいんだ！

日本はどんなところ？ ● chapter

| 図8 | 地方別の一級河川水系の数 |

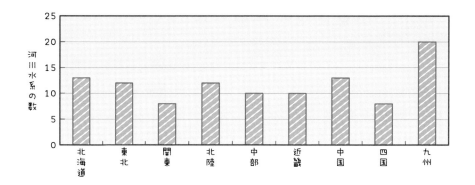

| 図9 | 地方別の全流域面積 |

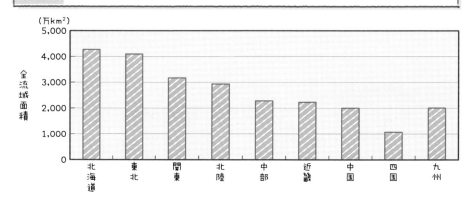

| 図10 | 地方別の全流域人口 |

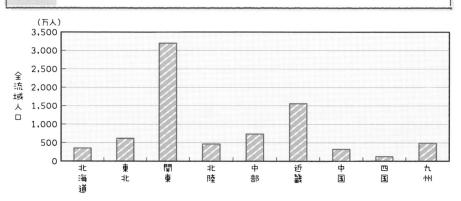

ここも見てね 2 9 60

7 火山・温泉地と大きな自然災害の数はどのくらい？

　以前は、現在噴火している火山を「活火山」、現在噴火していない火山は「休火山」あるいは「死火山」と呼ばれていましたが、数百年程度の休止期間はほんのつかの間の眠りでしかないことから、噴火記録のある火山や今後噴火する可能性がある火山をすべて「活火山」とする考え方が国際的に広まりました。

　日本の火山噴火予知連絡会でも、2003年には、「概ね過去1万年以内に噴火した火山および現在活発な噴気活動のある火山」を活火山と定義しました。

　気象庁はこれをもとに、日本の活火山の合計数は111であるとしています(30)。

　このように日本には多くの火山があるため、再生可能エネルギーの一つである地熱発電ができる場所が多いといえます。また、温泉が出る地域がかなり多くなっています。環境省の温泉に関するデータによると、入浴できる施設のある**温泉地の数**は、2018年時点で2,983か所になっています(31①②)。

　また、神奈川県温泉地学研究所によると、図11のように、火山と温泉が分布しているとしています(32)。

　日本海側と伊豆地方に温泉が多いのですが、近畿地方や四国にも温泉地があり、観光コースやテーマパークになっているところもあります。

　一方、世界中に温泉がありますが、日本人ほど温泉好きの人が多くないため、温泉が出ても観光コースなどにはならない場所が多数あります。

　なお、日本では、火山の噴火だけでなく、21世紀だけでも、大地震とそれに伴う津波被害が7回、大きな台風被害が2回あり、**自然災害**が多い国と言えます。

日本には111も火山があり、噴火で大きな被害が出ることがあるけど、火山の噴火を予知するのはとても難しいんだよ

温泉に入るのは楽しいけどね！

14

日本はどんなところ？ chapter

図11　火山と温泉地の分布

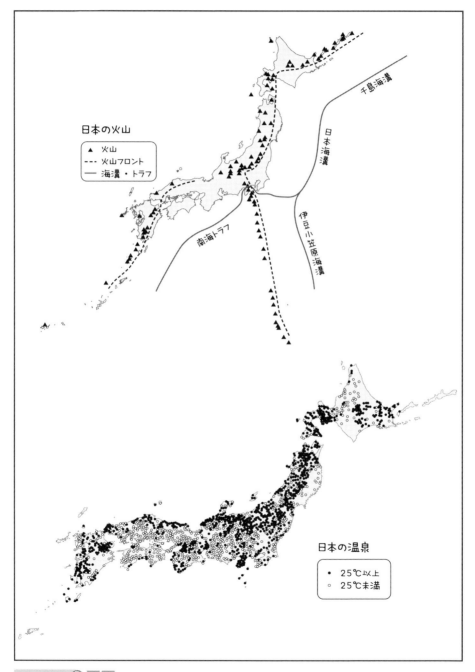

ここも見てね 61 63

8 気候と気温はどのくらい？

　日本は、北海道のほぼ全域と東北地方の内陸部、北関東から関東甲信越地方・岐阜県飛騨・北陸地方にかけての高原地帯、沖縄県の南西諸島、南鳥島、および富士山を除くと「温帯地域」とされています(5)。

　また、縦に長い国土で森林も多い日本の気候は、一年中気温が低く、冬の寒さが厳しい亜寒帯の「北海道気候区」、夏は蒸し暑く降水量が多い一方、冬は空気が乾燥し降水量が少ない「太平洋側気候区」、冬は積雪が多く気温が低いが、夏は日照時間が長めで気温が高くなる「日本海側気候区」、海から離れているために年間の最高気温と最低気温の差(年較差という)や1日の最高気温と最低気温の差(日較差)が大きく、降水量が少なめで湿度も低い「内陸性気候区」、中国山地四国山地に季節風が遮られて降水量が少なく、温暖で日照時間も長い「瀬戸内気候区」、亜熱帯気候で、年平均気温が20℃を超え、年較差が小さく、台風が来やすく、降水量が多い「南西諸島気候区」の**6気候区**に分けられています。

　さらに、日本の気候は、**黒潮**(日本海流)、**対馬海流**、**親潮**(千島海流)、**リマン海流**に大きく影響を受けています。

　また、気象庁によると、1981年から2010年までの各観測地点での月平均気温の平均は、**図12**に示すように大きく異なります(33①)。

　例えば、2017年の月別平均気温は、稚内が－4.3℃～18.6℃、東京が5.8℃～27.3℃、博多が7.4℃～29.5℃、那覇が17.1℃～30.4℃等となっています。

新潟や金沢では、雲の水滴が雪になるときに熱を奪うので、冬も極端には寒くならず、月平均気温の平均が結構高いのよ

那覇は1年の月別平均気温の差が13.3℃しかないんだね！

日本はどんなところ？ ● chapter

| 図12 | 各地の月平均気温の平均 |

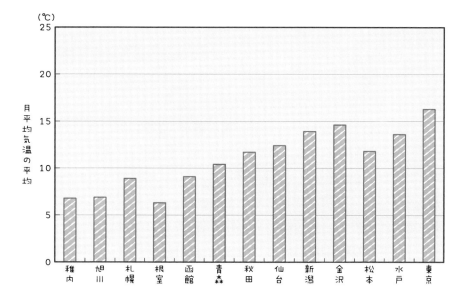

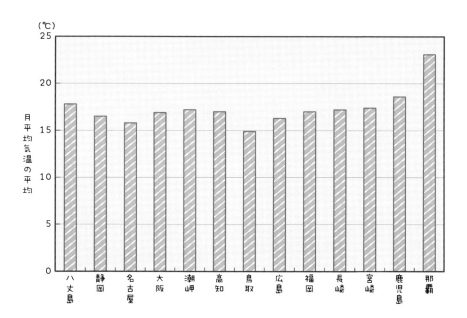

ここも見てね 1 2 6

9 水資源量と各種用水量はどのくらい？

　日本の**年間降水量**は年によって大きな差があり、最大の年と最小の年で800mmもの差があるとされています(33②)。また、2014年の降水量は高知県が3,659mm、長野県は902mmで大きな地域差があります(34)。

　水は、水力発電に利用されるほか、**農業用水**、**工業用水**、および商店や一般家庭で使う**生活用水**(水道)に利用されますが、農業用水で使われた後に、他の用水に使われることも少なくありません。これらの各用水の合計量は、**図13**に示すように、1995年頃からやや減少していますが、2010年時点の日本の水使用量は世界第9位、年間814.5億m^3となっています(36)。

　一方、**地下水の利用**状況は、国土交通省や環境省によると、農業用地下水量は1975年の約40億m^3から2015年には約30億m^3に減少し、工業用地下水量は1975年の約60億m^3から2015年には約30億m^3に減っています(35②)(37①)。

　また、国土交通省と気象庁は世界の年降水量を示し(33③)(35③)、環境省は、**1人当たりの利用できる水資源量**は非常に少ないとしています(37②)。

　例えば、日本の人口1人当たりの降水量は、5,114m^3/年で、世界平均の約23.5％しかないとされています。

　さらに、国連農業食糧機関(FAO)のAQUASTATデータベースには、**図14**に例を示すような各国の1962年～2014年の平均**年降水量**が示されています(38)。

　なお、世界中で35億人が水不足状態にあるとされています。

世界の3割以上の人が砂漠や砂漠に近づいている地域に住んでいて、水が石油より高い国や空気中の水分を凝縮させて飲み水にしている国もあるんだよ

日本でも、水を大切にしなきゃだめよね！

図13　各種用水量の推移

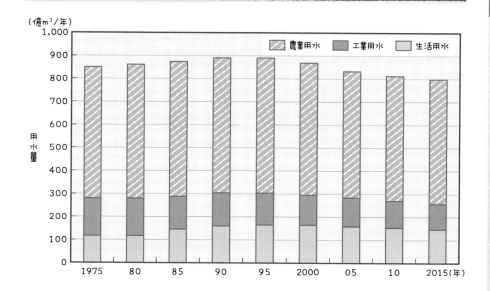

図14　各国の平均年降水量

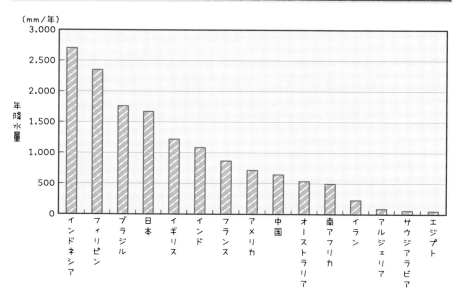

10 確認生物種・固有生物種と絶滅種の数はどのくらい？

　日本は縦長で、森林面積割合や水田等の耕地面積割合も高く、いくつかの海流に面しているため、多様な動植物が生息する特徴があります(39①)。
　また水田が、豊かな日本の生態系を維持しているとも言われています(40)。**環境省**の**生物多様性センター**によると、**表4**の数の動物と植物等が2017年現在で既知とされています(39②)。また日本は約1,500万年前に大陸から分離し、かつ森林や水田の割合も高いため、**固有生物**も多くいます(39③)。
　このため、国際的な自然保護団体の(一社)コンサベーション・インターナショナル・ジャパンが、日本を含む、多様な生物が生息している世界の34地域を「生物多様性ホットスポット」に指定しています(41)。なお、国立科学博物館が、日本の生物多様性ホットスポットの構造について研究しています(42)。
　また、環境省の生物多様性センターの「日本固有種の確認種数」には、ほ乳類の93種、鳥類の16種、は虫類の37種、両生類の46種、汽水・淡水魚類の87種の固有脊椎動物種と固有維管束植物等の分布図が示されています(39③)。
　なお、日本のほ乳類の22％、は虫類の38％、両生類の74％が日本の固有種であるとされ、日本植物画倶楽部が固有植物について報告しています(40)(42)(43)。
　さらに、環境省が、**絶滅した種**、**野生での絶滅種**(動物園等でのみ生息)、絶滅の恐れがある**絶滅危惧種**、**準絶滅危惧種**、情報不足で判断できない種等をレッドリスト2017に記載し、各国の絶滅危惧種数も示しています(44)(45)。

日本にしかいない生物がたくさんいることがなかなか知られず、土地の開発や環境破壊などで生き物の生活する場所を簡単に壊したりするのよ

日本は豊かな自然と生態系があるということを広く知らせて、生き物を守らなきゃだめよね！

日本はどんなところ？ ● chapter

表4　既知生物種の数

動物

門	綱	既知種数	種、亜種等の区分
脊椎動物門	哺乳綱	241	種・亜種
	鳥綱	約 700	種・亜種
	爬虫綱	97	種・亜種
	両生綱	64	種・亜種
	硬骨魚綱（淡水産）	約 300	種・亜種
	硬骨魚綱（海産）	約 3,100	種
	その他（軟骨魚類、円口類）	約 250	種
節足動物門	昆虫綱	約 30,200	種・亜種
	カブトガニ綱、クモ綱、ムカデ綱、コムカデ綱、ヤスデ綱、ヤスデモドキ綱、甲殻綱	約 10,000	種
軟体動物門	マキガイ綱（陸産・淡水産）	1,161	種・亜種
	ニマイガイ綱（陸産・淡水産）	63	種・亜種
	マキガイ綱、ニマイガイ綱のうち海産のものおよびその他の綱	約 6,600	種
他31門（原策動物門、棘皮動物門、環形動物門、刺胞動物門、海綿動物門等）		約 7,500	種
合計		**約 60,300**	

植物等

門	綱	既知種数	種、亜種等の区分
維管束植物		約 8,800	種・亜種・変種・品種・亜品種
維管束植物 以外	蘚苔類	約 1,600	種
	藻類	約 5,500	種・亜種・変種
	地衣類	約 1,800	種以下の分類群を含む
	菌類	約 16,500	種
合計		**約 34,200**	

ここも見てね 2 3

21

chapter 2

日本人って
どんな人たち？

11　日本人の起源と定義はどうなっているの？

　日本は島が多く、海岸線も長いので、海を渡ってきた人が多くいました。
　沖浦和光氏の『「日本人」はどこから来たのか』によると、日本人には**図15**のように、①アイヌ系と南島人で、古モンゴロイド系の縄文人の末裔、②倭人で、稲作農耕民と海の近くで舟運に従事し、漁をして暮らす人、③南方系海洋民で、多くは黒潮に乗って北上したマレー系の漁をして暮らす人、④朝鮮からの渡来人で、主に倭人系の人、⑤中国の江北地方から朝鮮半島を経て北九州に渡ってきた新モンゴロイド系で、大陸の北方に住んでいた漢人系の人、⑥北方系騎馬民族（新モンゴロイド系）の人の六つの源流があるとされています(46)。

　一方、DNAが縄文人に近いことから、2008年の国会で「アイヌ民族を先住民族とすることを求める決議」が満場一致で採択されました。また、天照大神の子孫で「日本人」の元祖と主張した人たちがヤマト王朝を建国しました。なお、**日本人の定義**については、橋本直子氏が詳しく述べています(47)。

　また、プチモンテの「日本の最大版図（領土・領域）をわかりやすい地図で確認する(48)」によると、1942年頃の日本の領土は一時的に**図16**のように広がったため、日本人とフィリピン人との間に生まれ、日本語を話せない日本国籍の人がフィリピンに約30万人もいますが、彼らは「日本人」なのでしょうか？

　日本では、**国籍**が重視されがちですが、南部陽一郎氏や中村修二氏など、アメリカ国籍のノーベル賞受賞者は、日本人ではないのでしょうか？

　世界には国籍という概念のない地域や二重国籍の人も少なくありません。

日本人は、あっちこっちから来た人の雑種なんだから、排他的になってはいけないよ

日本は領土を増やすために何度も戦争をしてきたけど、戦争で領土を増やしても長続きしないよね！

図15　日本民族の源流

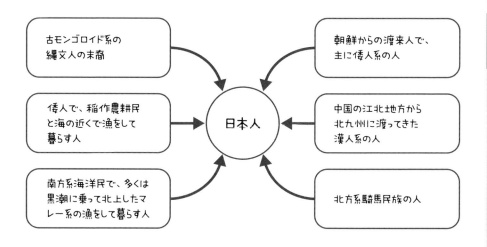

図16　第二次世界大戦初期に日本の領土とされた地域

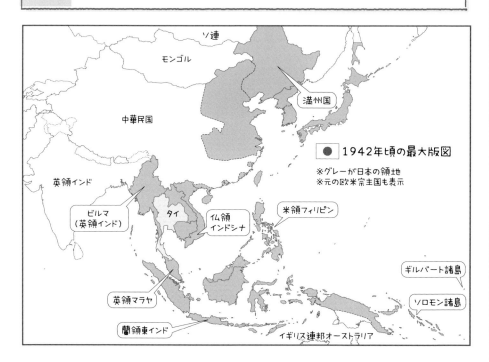

12　人口と人口密度はどのくらい？

　総務省や厚生労働省および国立社会保障人口問題研究所の統計によると、**日本の人口**は、**図17**のようになるとされています(49①②)(50)(51)。

　この人口を陸地面積(km²)で割って求められる人口密度の都道府県別をみると、2018年時点で東京都が6,264.0人、大阪府が4,635.7人、神奈川県が3,791.6人に対して、北海道が67.9人、岩手県が82.2人、秋田県が85.5人等となっています。

　一方、**人口が最も多い国**は中国で約13.90億人、次がインドで約13.17億人、3番目がアメリカで約3.29億人、日本は190か国・地域中10位で、約1.27億人です(2017年)(52①)。

　また同じく、2018年での**各国の人口密度**は**表5**に示すようであり、日本は世界190か国・地域中で25位の1km²当たり334.72人です。これは、中国の2.30倍、フランスの2.85倍、アメリカの10.05倍、ロシアの39.75倍、カナダの90.22倍、オーストラリアの102.99倍、世界全体の人口密度の6.56倍で、日本はかなり人口密度が高いといえます(52②)(53)。

　特に日本では、平地や都市部に人口が密集しているため、東京都の人口密度は世界の都市中で1位であり、上記のように1km²当たり約6,264人とされています(54)(55)。

> 日本を含めた先進国は人口が減る一方なので、今のような社会を持続するためには、外国人の協力が不可欠になっているのよ

> 生活レベルを高くするために子供を少なくするのかもしれないけど、子どもが少ないのはさびしいわ！

図17　人口の実績値と推計値の推移

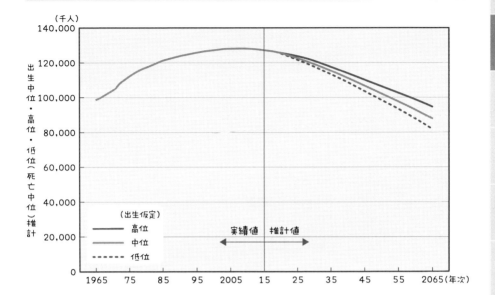

表5　人口密度の高い国と日本の人口密度

順位	国・地域	人口密度（人/km^2）
1	マカオ	23,475.18
2	シンガポール	8,090.39
3	香港	6,753.61
4	バーレーン	1,948.68
5	マルタ	1,477.85
6	モルディブ	1,228.19
7	バングラデシュ	1,110.58
8	バルバドス	665.12
9	台湾	656.00
10	モーリシャス	620.59
25	日本	334.72

ここも見てね　1

13 平均寿命と平均余命はどのくらい？

2017年の**日本人の平均寿命**は男が81.09歳、女が87.26歳となっています。これは、世界194か国・地域中で1位です[56①②]。

また、2015年の平均寿命は、中国の特別区である香港を除くと日本が1位の83.884歳であり、最下位である中央アフリカ共和国の51.378歳より約33年も長くなっています[57]。

これは、栄養状態が良好であることに加え、日本的食事内容、および健康保険加入率と医療機関受診回数が多いことなどによると考えられます。

なお、平均余命は、**表6**に示すように、0歳では平均寿命の定義であり、男が81.09歳、女が87.26歳ですが、90歳でも男は4.25年、女は5.61年です。

内閣府の「平成30年版高齢社会白書」によると、2017年時点での**日本の65歳以上の人口割合**は、世界194か国・地域中の1位で、約27.7%とされています[58]。

また、2017年時点で65歳以上の人口割合が大きい国は、日本が1位で27.7%、次いでイタリアが22.4%、ギリシャが21.4%、ドイツが21.2%、ポルトガルが20.3%等であり、アメリカが14.8%、韓国が13.6%、中国が10.0%、194か国・地域の平均が8.5%であり、日本は非常に高率になっています。

さらに、2015年時点での世界の**年齢別人口**を、14歳以下、15～64歳、65歳以上に分けてグラフ化したガベージニュースによると、日本は14歳以下の割合が12.6%で、統計がある54か国・地域中で最下位になっています[59]。

なお、短寿命のアフリカ諸国では、14歳以下の人口割合が大きくなっています。

表6　年齢別の平均余命と男女差（年）

年齢	男	女	男女差
0	81.09	87.26	6.17
5	76.30	82.48	6.18
10	71.33	77.50	6.17
15	66.37	72.52	6.15
20	61.45	67.57	6.12
25	56.59	62.63	6.04
30	51.73	57.70	5.97
35	46.88	52.79	5.91
40	42.05	47.90	5.85
45	37.28	43.06	5.78
50	32.61	38.29	5.68
55	28.08	33.59	5.51
60	23.72	28.97	5.25
65	19.57	24.43	4.86
70	15.73	20.03	4.30
75	12.18	15.79	3.61
80	8.95	11.84	2.89
85	6.26	8.39	2.13
90	4.25	5.61	1.36

日本は世界一の長寿国なので、お年寄りが健康でいられるようにするとともに、元気なお年寄りが活躍できる社会にする必要があるんだよ

平均寿命と平均余命を混同している人も多いけど、90歳の女の人の平均余命は5.61年もあるのね！

14 貧困率と幸福度はどのくらい？

　国民の平均所得の半分以下しか所得がない割合である**相対的貧困率**は、日本では**図18**に示すようになっています(60)。特に、母子家庭や父子家庭等といった「ひとり親」の世帯の貧困率が50%を越え、子供の貧困率も15%程度あり、これらへの対策が急がれます。

　また、世帯の可処分所得を世帯人数の平方根で除した値である「等価可処分所得」が低い国民の割合を相対的貧困率とし、2014年では中国が33.9%、次いで、南アフリカ、コスタリカ、ブラジル、インド、イスラエル、アメリカ等で、日本は12位の16.1%とされています(61)。特に、日本は若い人の貧困率が高く、経済的理由で婚姻率が低くなっているといわれています。

　さらに、2013年に貧困層の人口が最も多いのは、チャドとリベリアとハイチの80.0%、次いでコンゴ、シエラレオネ、スリナム等です(62)。

　一方、156か国・地域の人口当たりのGDP、社会的支援、健康寿命、人生における選択の自由度、ボランティア精神、政府の腐敗度等をもとに求めた国民の「**幸福度**」は、**表7**のようになっています(63)。日本は156か国・地域中の54位とされています(64)。

　なお、東洋経済オンラインの調査によると、日本の都道府県で「幸福度」が高いのは福井県、東京都、長野県等となっていますが、「幸福度」が高い都県では、自殺者数が少ないとは限りません(65)。

日本は、豊かそうに見えるけど、貧困世帯が世界で12番目に多く、幸福度は世界で54番目なんだよ

貧しい子どもたちをもっと応援し、幸福度も上げることが必要だよ！

日本人ってどんな人たち？ ● chapter

図18　相対的貧困率の推移

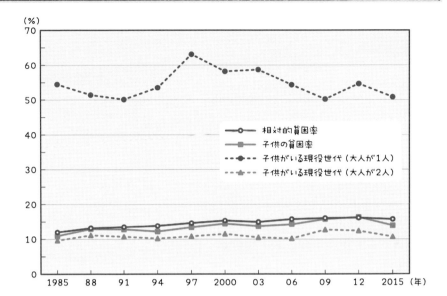

表7　幸福度の高い国と日本

幸福度順位	国
1	フィンランド
2	ノルウェー
3	デンマーク
4	アイスランド
5	スイス
6	オランダ
7	カナダ
8	ニュージーランド
9	スウェーデン
10	オーストラリア

幸福度順位	国
11	イスラエル
12	オーストリア
13	コスタリカ
14	アイルランド
15	ドイツ
16	ベルギー
17	ルクセンブルグ
18	アメリカ
19	イギリス
54	**日本**

ここも見てね　15　17

15　婚姻率・離婚率と出生数はどのくらい？

　日本の**婚姻率**と**離婚率**は、図19に示すようになっています(56①②)(66①)。すなわち、結婚しない人が増えている一方で、離婚率はやや高いレベルとなっています。一方、出会いの機会が少ない人が結婚相談所やインターネットによる紹介で結婚することが増えています。

　2018年の婚姻率と離婚率を他国と比べると、それぞれ、韓国では0.52%と0.21%、アメリカでは0.69%と0.29%、フランスでは0.36%と0.19%、ドイツでは0.49%と0.20%、イギリスでは0.45%と0.19%であり(66②)、韓国やアメリカでは婚姻率も離婚率も日本より高く、ドイツやイギリスでは日本と婚姻率は大差なく、離婚率は高い傾向があります。

　なお、日本での**平均結婚年齢**は、1950年には男性が25.8歳、女性23.0歳でしたが、2017年には男性が31.1歳、女性が29.4歳と、晩婚化が進んでいます(66①)。

　また、日本の1人の女性が一生のうちに出産する子の平均数(**特殊出生率**という)は、図20のようになっています(66③)。

　すなわち、1925年の5.11人から大幅に減り、2017年には1.43人になり、人口減少がなくなるとされている2.08人を大きく下回っています。さらに、2017年時点での日本の特殊出生率は、世界202か国中184位とされています(67)。

　このため、幸福度を高め、子供が多くても生活しやすい社会の構築や実情にあった親の働き方改革策や子育て支援策等の抜本的な改善が必要とされています。

昔は、「女性は結婚して子供を産んで、家庭を守るのが当たり前」という考えだったのが、最近は、シングルでいたり、結婚しても子供を産まない人が増えているのよ

子育てをして、人として成長することもたくさんあるというけどねえ！

日本人ってどんな人たち？ ●chapter

図19　婚姻率と離婚率の推移

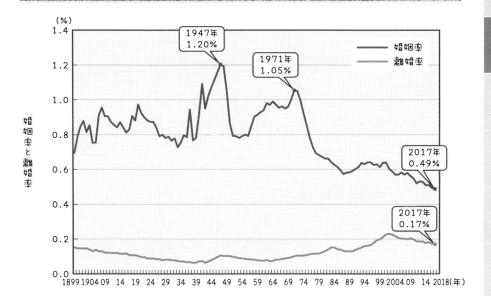

図20　女性1人当たりの平均出産数の推移

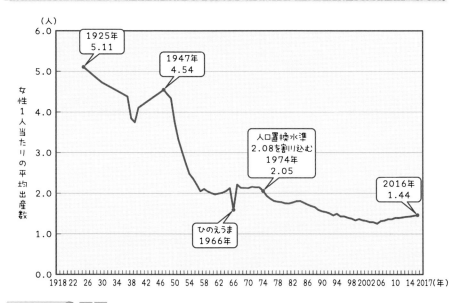

16 健康保険加入率と医療機関受診回数はどのくらい？

　日本の**医療保険**には、各種の被用者保険、市町村等の居住地をもとにした国民健康保険、75歳以上の高齢者等が加入する後期高齢者医療保険があります(68)。被用者保険には、大企業の労働者が加入する組合管掌健康保険、中小企業の労働者が加入する全国健康保険協会管掌健康保険、公務員が加入する共済組合保険があり、日本人の健康保険加入率は世界的に見ると高い方です。

　しかし、中小企業の労働者が加入するべき全国健康保険協会管掌健康保険に加入していない企業が3％、労働者数では23％もあります。また、2016年10月時点の労働者加入率は**雇用保険**が84％、**健康保険**が80％、**厚生年金保険**が78％であり、これら3保険のすべてに加入している労働者は76％です(69)。特に、**図21**に示すように、下請の労働者は加入率が低いといえます。

　なお、都道府県別の健康保健加入率は石川県が95％、香川県が94％、島根県が93％であるのに対して、沖縄県が51％、大阪府と奈良県が59％、京都府、東京都、千葉県が62％と低くなっています(69)。

　また、**図22**のように、日本人の2016年の**医療機関受診回数**は12.8回/年で、韓国の16.6回/年に次いで世界第2位です(70)。

　なお、イギリス、イタリア、オランダ、ギリシャ、スペイン、デンマーク、チェコ、スロバキア、ハンガリー、ポーランド、トルコ、カナダ等は医療費が原則無料であり、アメリカでは、任意加入の民間医療保険が一般的です。

怪我をしたり、病気になると、かなり医療費がかかるけど、日本では多くの人が健康保険に入り、医療保険が医療費の一部を負担してくれるから治療を受けやすいんだよ

アメリカでは、病気になっても医療費が高くてお医者さんに行かれない人が多いんだってね！

| 図21 | 労働者の雇用・健康・厚生年金保険加入率の推移 |

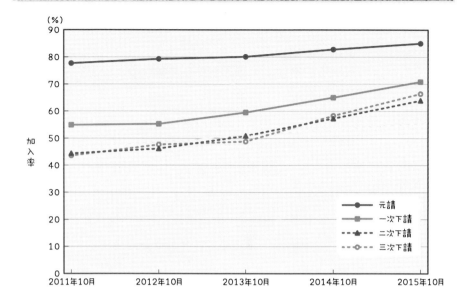

| 図22 | 1人当たり年間医療機関受診回数の多い国と少ない国 |

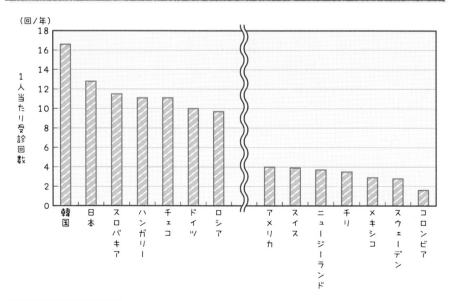

17 死亡率と事故死者・自殺者の人数はどのくらい？

　2017年の日本人の**死亡率**は、10万人当たりで男性が1,138.3人、女性が1,015.6人であり、**死亡原因**は、がん、高血圧性疾患、心疾患、脳血管疾患、肺炎等の順となっています(71)。一方、2017年の事故による死亡者は、10万人当たりで男性が66.5人、女性が39.6人です(72)。

　さらに人口10万人当たりの**交通事故死者数**は、全国平均は3.07人で、多い都県と少ない都府県は図23のようになっています。なお、人口当たり交通事故発生率は、香川県、佐賀県、宮崎県、静岡県等で高く、東京都は41位、神奈川県は35位、大阪府は20位で、乗用車の保有台数とは関係ありません(73)。

　一方、厚生労働省と警察庁の「平成29年中における自殺の状況」によると、10万人当たりの**自殺者数**は、図24のように推移しています(74)。

　なお、自殺者の多い県は秋田県、岩手県、宮崎県、新潟県等で、少ない県は奈良県、福井県、徳島県、広島県等で幸福度とは一致していません。

　さらに、**自殺の理由**は、男女とも1位は健康問題ですが、2位は男性が経済・生活問題であるのに対して女性は家庭問題であり、男女で差があります。

　なお、2015年の各国の自殺者数については、日本は183か国中18位であり、OECD加盟国の中で最も多くなっています。これは、貧困率が高く、幸福度が低いことと関係していると考えられます。

日本での交通事故死や自殺者は以前よりずいぶん減ったんだけど、まだ、自殺者は世界で18番目に多いんだよ

交通事故や自殺で親を亡くした家族は悲劇になるわね！

図23 10万人当たりの交通事故死者数の多い県と少ない都府県

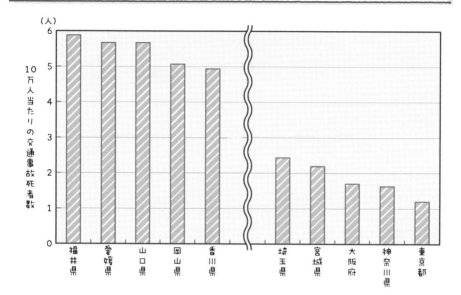

図24 10万人当たりの自殺者数の推移

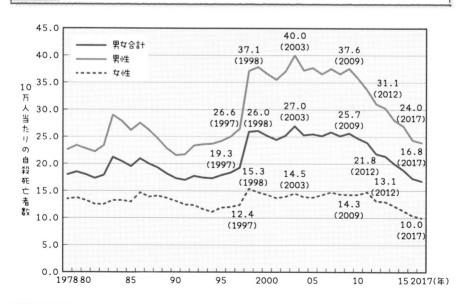

18 就業者の人数と失業率はどのくらい？

　総務省統計局および厚生労働省の統計によると、2016年の常用雇用者数は**正規雇用者**が約3,423万人、**非正規雇用者**が約2,036万人で、女性労働者に非正規雇用者が多くなっています(75①②)(76)。

　また、国際統計・国別統計専門サイトGLOBAL NOTEの「**世界の就業者数**国別ランキング・推移(ILO)」には、2016年の189か国・地域の就業者数が示され、就業者数が多い国は図25のようであり、日本が約6,500万人とされています(77①)。

　なお、世界経済のネタ帳の「世界の就業者数ランキング」にも、2017年の37か国・地域の就業者数が示されています(78①)。

　一方、**失業率**は、総務省の調査によると、図26のようになっています(79)。完全失業率の高い道府県では、低い県の2倍近くになっています。

　また、2017年の106か国・地域の失業率の高い国は図27のようであり、日本は99位で3.10％とされています(78②)。

　なお、GLOBAL NOTEの「**世界の失業率**国別ランキング・推移(ILO)」にも2017年の189か国・地域の失業率が示され、日本は157位で2.80％とされています(77②)。

　さらに、2012年頃での15歳～24歳の若年層失業率は、日本は147か国・地域中123位の7.9％とされています(80)。

日本は失業率は低いけど、非正規雇用者の割合が高いのよ

仕事が続けられなくなることを心配しながら働くのはつらいなぁ！

日本人ってどんな人たち？ chapter

図25 就業者数の多い国

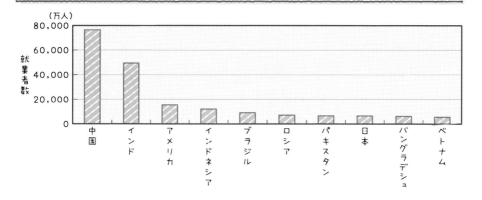

図26 失業率が高い道府県と低い県

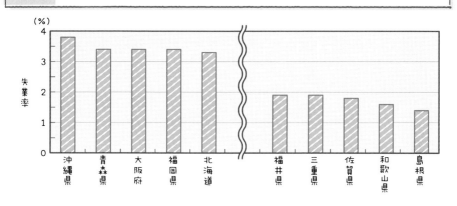

図27 失業率の高い国と日本の失業率

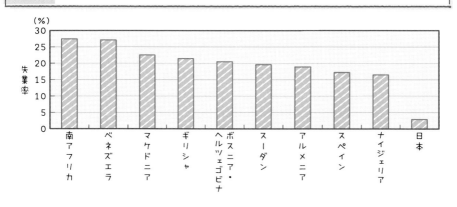

19 農業就業者と漁業就業者の人数はどのくらい？

　農林水産省の「農業労働力に関する統計」によると、農林水産物の輸入量が増えたことなどにより、**農業就業人口**は、図28に示すように毎年減少し、2017年には約181.6万人になったとされています[81]。この農業就業者のうち、65歳以上が120.7万人(約66.5%)、女性が84.9万人(約46.8%)であり、高齢女性が農業を支えています。

　なお、最近はロボット技術の利用も徐々に増えています。

　また、ほぼ農業のみに従事している「**基幹的農業従事者**」は、2017年には約150.7万人になり、65歳以上の割合も約66.4%になったとされています。

　一方、新たに農業に従事する人数は、最近は徐々に増加し、2016年には約60,200人になり、その76%〜80%が自営農業就農者で、49歳以下の人が約35.2〜38.0%であり、若い人が新しい農業を目指している点が注目されます。

　また、農林水産省の「漁業労働力に関する統計」によると、**漁業就業者**も図29のように減少し、2017年には約15.3万人になったとされています[82①]。

　また、「漁業就業動向調査」によると、2016年の**自営漁業者**は95,740人(約59.8%)で、漁業に雇われた人は64,280人(約40.2%)となっています[82②]。

　女性は自営漁業者が16,980人、雇われた人が3,550人とされています。

　年齢別に見ると、男女合計で、25歳未満が5,910人(約3.7%)であるのに対して、65歳以上が59,270人(約37.0%)となっています。特に、75歳以上が21,530人(約13.5%)で、25歳未満の3.6倍以上であり、若い後継者の不足が深刻です。

　なお、女性については25歳未満が約1.0%、65歳以上が44.5%です。

輸入の農・畜産物や水産物が増えて、
農業や漁業をする人がどんどん減ってるんだよ

日本でとれた野菜や魚は新鮮でおいしいから、
農業や漁業をする人を応援する必要があるわよね！

図28 　農業就業者の推移

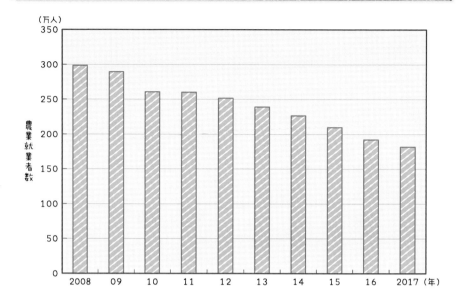

図29 　漁業就業者の推移

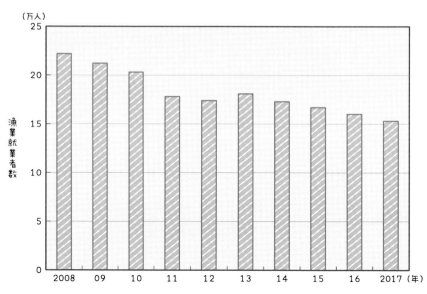

20 製造業・建設業・サービス業従事者の人数はどのくらい？

　総務省統計局の「労働力調査(詳細集計)平成29年(2017年)平均(速報)結果」によると、2016年の全産業の事業所数は5,359,975であり、従業員数は57,439,652人とされています(75①)。

　また、2012年と2016年の**製造業**の事業所数と従業者数、および**建設業**の事業所数と従業者数は、図30のようにいずれも減少傾向です。なお、2016年の鉱業・砕石業・砂利採取業の従事者数も21,269人で、やや減少傾向です。

　このため、今後の製造業、建設業、および鉱業・砕石業・砂利採取業では、魅力的な職場の創成、**外国人労働者の受入れ**、ロボット技術の活用等の対策が必要になっています。

　一方、総務省の「平成28年経済センサス-活動調査の調査 調査の結果」によると、2016年時点の各種サービスを提供する**第三次産業**の事業所数と従業者数は図31のとおりで、両者の比から中小企業が多いことがわかります(75②)。

　なお、電気・ガス・熱供給・水道業、運輸業・郵便業、金融業・保険業、カラオケ・パチンコ・パチスロ業、フィットネスクラブ・スポーツクラブ、マッサージ・指圧・はり・きゅう等の施術業などの生活関連サービス業・娯楽業では従事者数が減少していますが、他の業種では増えています。

　また、第三次産業全体の従事者人数は、1995年頃から増加が鈍化しているものの、全体としては2016年まで増え続けています(83)(84)。

製造業や建設業で働く人は減っているけど、サービス業で働く人は増え、外国人労働者も増えているんだよ

外国の人に、どこで、どのように働いてもらうか、意見が分かれているんだって！

日本人ってどんな人たち？ chapter

図30　2012年と2016年の製造業と建設業の事業所数と従業員数

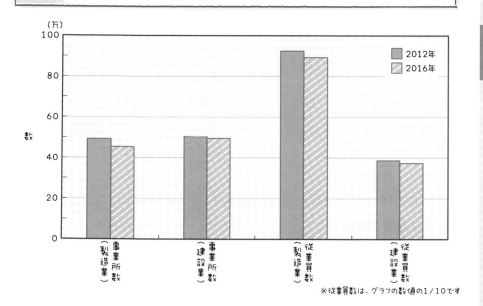

※従業員数は、グラフの数値の1/10です

図31　第三次産業の事業所数と従業員数

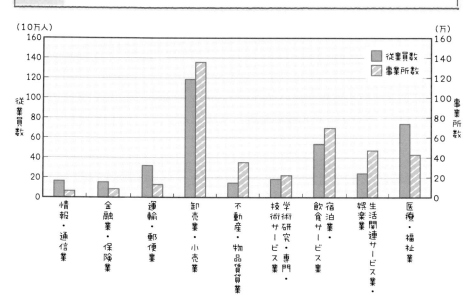

26 芸術家・プロスポーツ選手の人数はどのくらい？

　文化庁の「平成29年度文化芸術関連データ集」によると、2015年度の**芸術家**と呼ばれる人の種類別人数は、図42のようになっています(106)。

　芸術家の合計人数は、1985年に401,003人で、1995年から2005年頃までは490,000人前後に増えましたが、2015年は413,100人となっています。

　2015年時点で最も多い芸術家は、**デザイナー**、次いで写真家・映像撮影者、舞踏家・俳優・演出家、演芸家、彫刻家・画家・工芸美術家、著述家等です。

　なお、彫刻家・画家・工芸美術家の作品の一部は長期間残り、美術館等で鑑賞されます。しかし音楽家は、YouTubeの普及、ダンスとセットでない演歌の減少、車離れによるカーステレオの減少等によって音楽業界の市場が縮小し、2005年の115,020人から、2015年には22,400人と激減しています。

　一方、**プロスポーツ選手**の人数は、(公財)プロスポーツ協会の「2013年版プロスポーツ年鑑(107)」によると、図43に示すような順となっています。

　また、プロスポーツ選手のうちで2013年の新人は、男子ゴルフで132人、競輪が53人、ボクシングが534人、ボートレースが30人、サッカーが129人、女子ゴルフが113人、野球が88人、相撲が56人、オートレースが19人、競馬が14人等となっています。

　なお、年間観客動員数は、野球が約2,137万人、ボートレースが約1,116万人、競馬が約964万人、サッカーが約875万人等となっています。

> 芸術家は作品が売れなければ収入がなく、プロスポーツ選手も一部の人以外は収入が少ないんだ。例えば、プロ野球の育成選手やバスケットボールのB2リーグの最低年俸は240万円なんだ

芸術家やスポーツ選手が多い方が楽しいけど、芸術やスポーツの収入で生活するのは大変なんだね！

日本人ってどんな人たち？ ● chapter

| 図42 | 芸術家の種類別人数 |

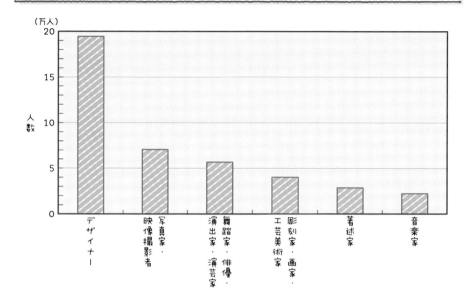

| 図43 | プロスポーツ選手の人数 |

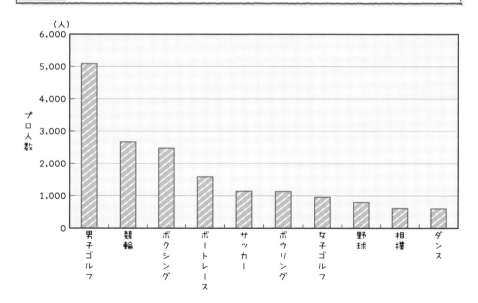

ここも見てね 65

55

27 検定資格の数と受験者の人数はどのくらい？

　仕事に必要な資格もあり、就職時に資格を問われたり、資格を売り込んだりすることも多くなっていますので、現在、日本には日本漢字能力検定、実用数学技能検定、日本語検定等、合計31の**基礎的資格**の検定があります(108)。

　また、資格検定を自由に作ることができるようになったため、31の基礎的資格検定のほかに、図44に示すように非常に多くの**検定資格**があるとされています（2017年現在）。

　これらのうち、国家資格、公的資格、民間資格に分けて、690の資格についての情報を提供している「資格の門」によると、2016年の**受験者数**は、図45に例を示すようになっています(109)。すなわち、最も受験者が多いのは、実用英語技能検定（英検）、次いで自動車運転免許、国際コミュニケーション英語能力テスト（TOEIC）、漢字検定（漢検）、インターネット英語検定（CASEC）、日商簿記検定、日本語能力試験、Excel 表計算処理技能認定試験、危険物取扱者、Word 文書処理技能認定試験等の順になっています。

　さらに、Linux（ネットワーク運用・管理）技術者認定試験の約35万人、実用数学技能検定の約31.5万人、銀行業務検定試験の約28.5万人、英語能力のTOEIC Bridgeやコンピュータ能力のマイクロソフトオフィススペシャリスト（MOS）試験の約20万人、宅地建物取引士（宅建士）が約15万人等となっています。

　これらの資格は、専修学校、専門学校、各種学校で学べます。

　なお、これらの**資格試験の合格率**は20％〜30％が多いのですが、中には50％程度や10％程度の資格もあります。

日本人は、肩書きや資格で人を評価しやすく、資格検定も自由に作れるようになったので、資格の数や受験者がすごく増えたのよ

690もの資格があるなんてびっくりしたわ！

図44	検定資格

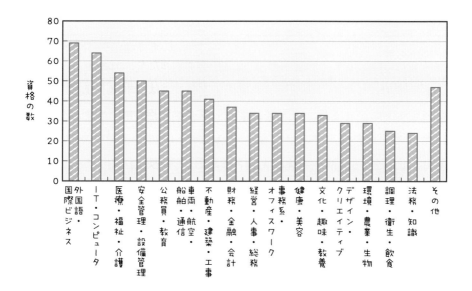

図45	資格受験者数の例

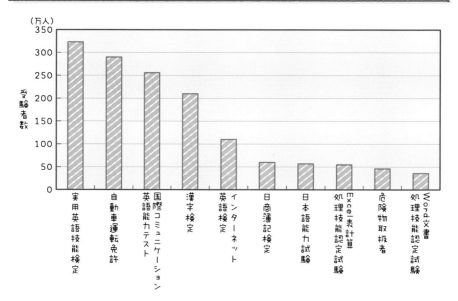

28 犯罪件数と検挙者の人数はどのくらい？

　法務省の「平成29年版犯罪白書」には、犯罪の動向、犯罪者の処遇、少年非行の動向行少年の処遇、各種犯罪の動向と各種犯罪者の処遇、再犯・再非行、犯罪被害者、更正を支援する地域のネットワーク、および関連する42の資料が示されています(110)。これによると、1946年から2016年までの日本での**犯罪認知件数**は図46、**刑法犯検挙人員・検挙率**は図46のようになっています。

　また、警察庁の「平成29年版警察白書」には、交通安全対策の歩みと展望、トピックスとして、サイバー犯罪・サイバー攻撃防止対策、特殊詐欺の手口の変化等のほかに、各種の警察活動の紹介が記されています(111①)。

　「平成29年版**犯罪被害者**白書」には、被害者への取組が記されています(111②)。

　一方、「犯罪データにみる都道府県ランキング」によると、2017年時点で人口1,000人当たりの犯罪発生率が高いのは、大阪府の12.12、兵庫県の9.24、東京都の9.11、愛知県の8.70、埼玉県の8.67等であり、低いのは秋田県の2.44、岩手県の2.74、長崎県の3.15、大分県の3.44、青森県の3.60等になっています(112①)。

　なお、「全国・全地域の犯罪発生率番付」によると、2009年時点で人口当たりの犯罪発生率が高い市区は、大阪市中央区の10.760%、東京都千代田区の9.078%、名古屋市中区の7.795%、大阪市北区の6.765%等であり、低い市町村は、新潟県粟島浦村、福島県昭和村、北海道音威子府村、奈良県野迫川村、沖縄県北大東村、東京都の24市町村で、0.000%となっています(113)。

平成になった頃から窃盗が急増して検挙率が急に低下し、昭和時代の半分程度になってしまったんだよ

平成の後半は、犯罪件数が減っているけど、犯罪者をしっかり捕まえてほしいな！

図46 刑法犯と危険運転致死・過失運転致死等の認知件数と犯罪者検挙人員・検挙率の推移

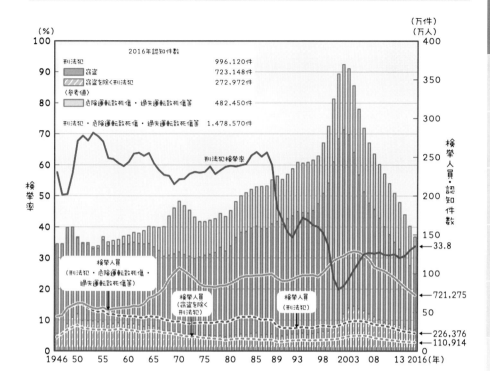

chapter 3
本の基盤は
大丈夫なの？

30 防衛費と米軍基地関連予算はどのくらい？

　防衛省の「平成30年度予算等の概要、我が国の防衛と予算（案）」によると、2017年度の**防衛関係費**は、5兆1,251億円で、GDP当たりで5年連続で増えていますが、財政収支は赤字続きで、教育予算は減っています(120)。

　また、2017年の**軍事費**は**図48**に示すようであり、日本は世界159か国・地域中9位で、ドイツや韓国等よりも多くなっています(121)。

　また、米軍は70以上の国と地域に約800か所の**軍事基地**を保有し、日本の米軍基地135か所は、ドイツに次いで世界第2位となっています。

　日本にある**米軍基地**の数を都道府県別に見ると、2004年時点で沖縄県の37か所、北海道の18か所、神奈川県の16か所、長崎県の13か所等が多くなっています。

　また、各都道府県の面積に占める米軍基地の面積の割合は、沖縄県がずば抜けて大きく、次いで山梨県、大分県、神奈川県、東京都等となっています。

　なお、国内紛争や治安悪化、軍事力強化、平和維持への不安要素等を考慮した、世界経済のネタ帳による2017年の「世界**平和度指数**ランキング」によると、平和度指数（低い方が平和）は**図49**に示すようであり、日本は163か国・地域中10位となっています(122)。なお、ドイツは16位、イタリアは38位、イギリスは41位、韓国は47位、アメリカは114位、中国は116位、北朝鮮は150位、ロシアは151位、イラクは161位、アフガニスタンは162位、シリアが163位とされています。

　軍事費は、アメリカと中国がずば抜けて多く、また、日本にはアメリカの軍事基地が多く、日本は、在日米軍駐留関連経費の92.6％、約3,736億円を負担しているんだよ。思いやり予算ともいうけどね

軍事費を福祉の充実に使えればいいのにね！

日本の基盤は大丈夫なの？ ● chapter

図48 軍事費の多い国

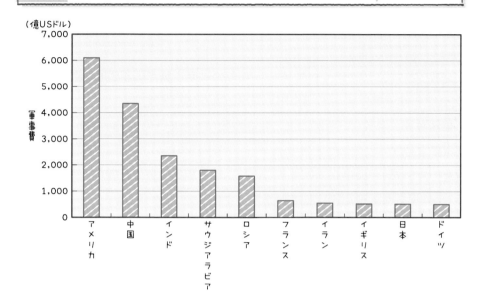

図49 平和度指数の低い国と高い国

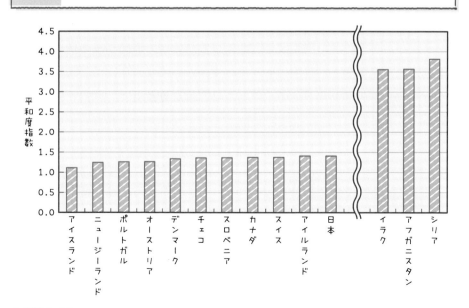

ここも見てね 5 29 31 32

31 教育予算はどのくらい？

　文教予算は**図50**のように推移し、平成30年度予算では4兆405億円、前年の2017年度予算に比べて23億円の減額となっています[123]。

　義務教育の学校(小・中学校)は、私立を除いて原則として市区町村が設置し、費用を負担することとされていますが、教職員の給料・諸手当等の基幹的な経費の1/2は国が負担しています。また、**学校施設の整備経費**は、国が1/3～1/2の負担または補助を行っています。

　なお、やや古いですが、平成16年の中央教育審議会によると、国、都道府県、市町村の負担割合は、およそ3：4：3とされています[124]。

　高等学校についても、国公立校については**授業料の無償化**が実現していますが、私立校の無償化も条件付きで近く実施されます。さらに、親の貧困の子への連鎖をなくすために、住民税が課されない所得の少ない世帯を対象にして国立大学授業料の無償化、私立大学授業料の国立大学授業料との差額の約半分を免除額へ上乗せ、返済不要の給付型奨学金の拡充、私立大学生や下宿生への年100万円程度の支給、無償化の対象にならない低所得層への給付額を段階的に減らす給付型奨学金、および専修学校・専門学校の無償化も近く実施され、保育園と幼稚園にも同様の支援が始まります。

　なお、2014年時点の各国の**GDP当たりの教育費負担**は、**図51**に示すようであり、日本は公的支出はOECD加盟33か国中の最下位、私費負担を加えても26位です[125]。

日本はGDPが大きいわりに、学校教育費の公的負担が少ないと言われているのよ

親は、学校だけでなく、塾や予備校の費用なども負担しているよね！

図50 文教予算の推移

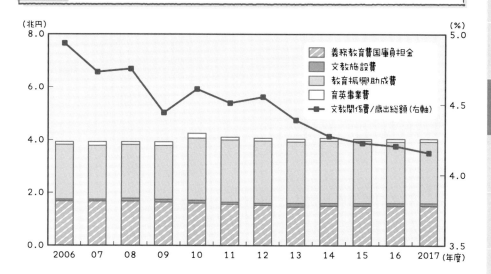

図51 各国のGDPに対する教育費の割合

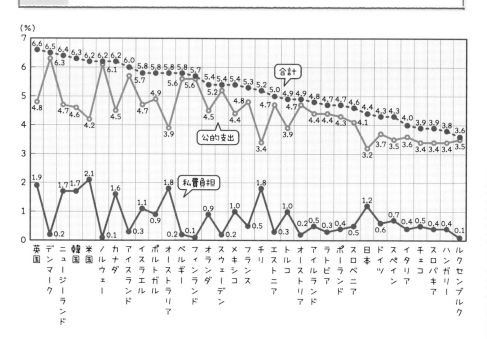

32 財政収支・経済成長率と開発途上国への貢献度はどのくらい？

　2017年の対GDP比では、日本の**財政収支**は190か国・地域中135位のマイナス4.32%、歳入は191か国・地域中59位、歳出は190か国・地域中54位、基礎的財政収支は183か国・地域中148位であり、世界の政府総債務残高では186か国・地域中1位、世界の政府純債務残高では88か国中2位で、厳しい借金状態ですが、防衛費と米軍基地関連予算は増加し続けています(126①〜⑦)。

　また、日本の**経済成長率**は、1965〜1973年度は平均9.1%、1974〜1990年度は平均4.2%でしたが、1991〜2018年度は平均1.0%です(126⑧)。

　さらに、世界の経済成長率ランキングでみてみると、2017年の経済成長率は**図52**に示すように、日本は約1.74%で191か国・地域中147位です(126⑨)。

　なお、（独）労働政策研究・研修機構でも経済関係情報を提供しています(127)。

　一方、外務省の国際協力・**ODA**白書（2017年版）の第1章「実績から見た日本の**政府開発援助**」によると、ODA額は2013年にはアメリカに次いで2位でしたが、2014年に減額され、ドイツ、イギリスに抜かれて4位になっています(128)。

　また、アメリカのシンクタンクであるCenter For Global Developmentによると、資本や技術の提供、環境保全、通商、防衛、移住等のランクを総合した**開発途上国への貢献度**を示す「The Commitment to Development Index 2017」のベスト10は、**図53**に示すようです。なお、アメリカと日本は、富裕な27か国中の23位と26位で、開発途上国への貢献度が小さい状況です(129)。

日本は、高度成長期が終わって、安定成長期に入り、最近の経済成長率は0.38%〜2.00%なんだよ

経済成長率は高くならなくても、幸福度は高くしたいわ！

日本の基盤は大丈夫なの？ ● chapter

| 図52 | 経済成長率の高い国と日本の経済成長率 |

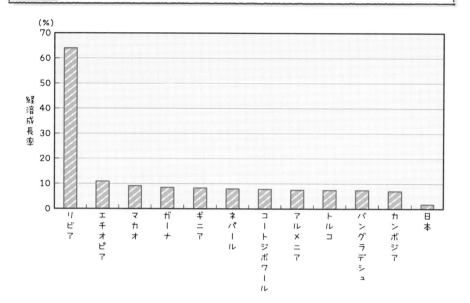

| 図53 | 開発途上国への貢献度ベスト10とアメリカ・日本 |

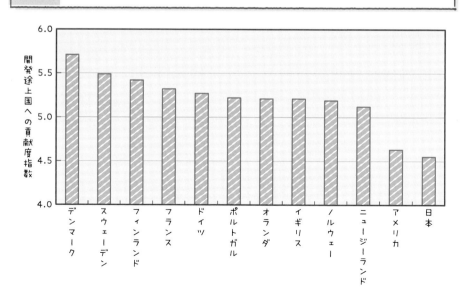

33 研究開発費はどのくらい？

　経済産業省の「我が国の産業技術に関する研究開発活動の動向 - 主要指標と調査データ - 第17.3版」に、2015年の各国の研究開発活動の総額が示されています(85)。また、「**研究開発投資**の動向」によると、2017年の研究開発費の約79％が企業によるもので、技術輸出額にもつながっています(130)。

　さらに、科学技術・学術政策研究所の「2015年度調査結果の概要(2014年度の民間企業による研究開発活動の概況)」によると、2014会計年度の社内研究開発費は、資本金100億円以上の246社平均が1兆2,696億円、資本金10億〜100億円の537社平均が969億円、資本金1億〜10億円の704社平均が256億円となっています(131①)。

　また、同研究所の「科学技術指標2017および科学技術研究のベンチマーキングの公表について」によると、**図54**のように、2000年以降は中国が急増し、特許出願件数の急増につながっています(131②)。なお、日本は増加せず、5位になっています。また、「**世界の研究開発費** 国別ランキング・推移(OECD)」にも2016年の研究開発費の順位が示されています(132)。

　また、ITmedia・ビジネスオンラインによると、2017年の研究開発費が多い世界の企業は、**図55**のようになっています(133)。さらに、東洋経済オンラインによると、2017年の日本企業の研究開発費は、トヨタ自動車が1兆556億円、本田技研工業が7,198億円、日産自動車が5,319億円、ソニーが4,681億円、パナソニックが4,498億円、デンソーが3,992億円等となっています(134)。

中国が研究開発にすごく力を入れ始めていて、研究開発費が日本の3倍以上になってきているのよ

日本の予算制度では、国の研究開発費はあまり変わらないけど、将来を考えたら国の研究開発費の伸び悩みを何とかしないとね！

日本の基盤は大丈夫なの？ ● chapter

図54　主要国の研究開発費の推移

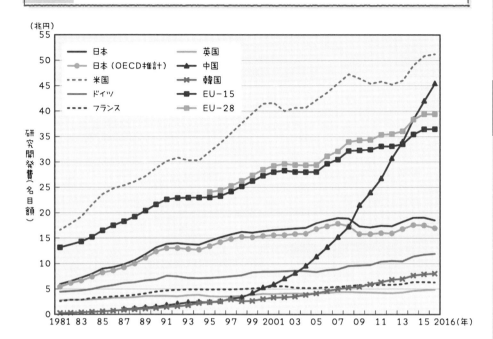

図55　研究開発費が多い世界の企業

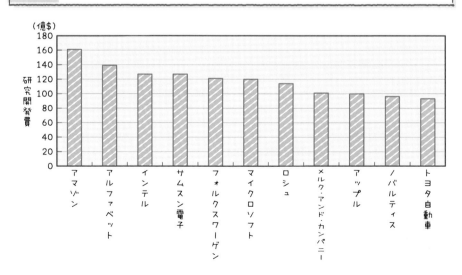

ここも見てね 29 34 48

34 特許出願件数と特許取得件数はどのくらい？

　特許庁の「特許出願等統計速報」の参考グラフ等によると、日本での特許出願件数は、研究開発費と同様に、最近は大きな変化はなく、月平均で26,000件程度、審査請求が2万件程度行われています(135)。また、**国際特許の出願**は増える傾向にあり、2017年には48,208件になっています。

　なお、**実用新案出願件数**は減少傾向で、2017年度には月平均で450件程度であり、**意匠出願件数**は月平均2,500件程度で横ばいですが、**商標出願件数**は増加傾向で、2017年度には月平均で14,000件程度になっています。

　また、「世界の**特許出願総件数**国別ランキング・推移」によると、2016年の特許出願総件数は、**図56**に示すように、197か国・地域中で1位が中国、次いでアメリカ、日本、韓国、ドイツ等となっています(136①)。

　さらに、「世界の**特許取得総件数**国別ランキング・推移」によると、2016年の特許取得件数は、**図56**に示すように、190か国・地域中1位が中国で、次いで日本、アメリカ、韓国、ドイツ等となっています(136②)。

　なお、国際特許の出願件数はアメリカ、中国、日本、ドイツ、韓国の順となっていて、最近は中国への特許出願件数が増えています(136③)。

　一方、アメリカのメディアであるGAZETTE REVIEWが、国民の**IQ値**や**学歴**等によって、各国をランク付けした「Top 10 Most Intelligent Countries-2018 List」によると、国民の知的レベルは**表9**に示すようになっています(137)。

中国の特許申請が多く、ますます増加傾向だけど、スーツケースに車を付けて走る乗り物、高さ2.4mものオートバイ、12本のほうきが付いたトラクター、木造電気自動車など、おかしな特許もあり、特許逃れのニセモノも多いんだよ

日本も積極的に特許を申請・取得し、特許逃れの防止にも力を入れないと！

日本の基盤は大丈夫なの？ chapter

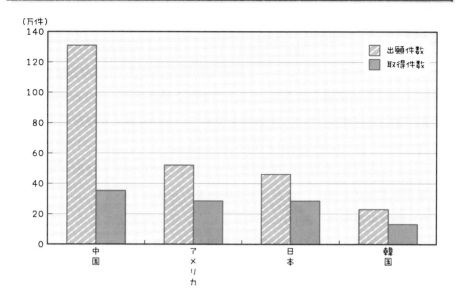

図56　特許出願件数と取得件数が多い国

表9　国民の知的レベルの高い国・地域

順位	国
1位	香港
2位	韓国
3位	**日本**
4位	台湾
5位	シンガポール
6位	オランダ
7位	イタリア
8位	ドイツ
9位	オーストリア
10位	スウェーデン

ここも見てね 33

36 業種別事業所数と中小企業数はどのくらい？

2017年度に製造業のうちで**事業所数**が多いのは、食料品製造業の11,753事業所、化学工業の8,246事業所、金属製品製造業の6,306事業所、輸送用機械器具製造業の5,643事業所等であり、平均従業員数が多いのは輸送用機械器具製造業の187.2人、電子部品・デバイス・電子回路製造業の144.4人、情報通信機械器具製造業の108.9人、鉄鋼業の98.9人等となっています(141)。

また、2018年版の「中小企業白書」と「小規模企業白書」によると、2017年時点での中小企業と小規模事業者の資本金と従業員数の定義は、**表11**のようになっています(142①②)。

また、2014年時点での**大企業**の数は約11,000で、合計従業員数は約1,433万人であるのに対して**中小企業数**は大企業数の約346倍の約380.9万あり、合計従業員数は約3,361万人であり、大企業の平均従業員数が約1,303人であるのに対して中小企業の平均従業員数は約8.8人で、約1/148となっています。

さらに、2014年時点での**小規模事業者**(小企業)が約325.2万、従業員数は約1,127万人であり、中小企業数の約85.4％が小企業、中小企業従業員数の約33.5％が小企業の従業員であり、小企業の平均従業員数は3.5人弱となっています。

なお、総務省統計局によると、2016年の主な業種の事業所数と1事業所当たりの**平均従業員数**は**表12**に示すようになっています。多くが従業員数の少ない中小企業ですが、売上額や商品販売額は中小企業が多くなっています(75②)(141)。

中小企業の数は大企業の数の346倍もあり、日本は、多くの中小企業によって支えられているんだよ

テレビコマーシャルで知っている会社はほとんどが大企業だけど、中小企業も応援するようにしよう！

日本の基盤は大丈夫なの？ ● chapter

表11　日本での中小企業の定義

業種	中小企業		うち小規模事業者
	資本金　または　従業員数		従業員数
製造業	3億円以下	300人以下	20人以下
卸売業	1億円以下	100人以下	5人以下
サービス業	5,000万円以下	100人以下	5人以下
小売業	5,000万円以下	50人以下	5人以下

表12　主な業種の事業所数と平均従業員数

業種	事業所数	1事業所当たり平均従業員数(人)
卸売業・小売業	1,357,030	8.9
宿泊業・飲食サービス業	701,241	7.8
建設業	495,608	7.5
生活関連サービス業・娯楽業	470,744	5.1
製造業	453,810	19.7
医療・福祉	430,265	17.2
不動産・物品賃貸業	355,102	4.2
学術研究・専門・技術サービス業	221,414	8.2
教育・学習支援業	166,415	11.0
運輸・郵便業	131,213	24.7

ここも見てね　20 40 42

37 物価はどのくらい？

　日本の**消費者物価指数**は2015年を100とした場合、**図58**のように推移し、1992年〜2018年の27年間、約±4％以内しか変動がない状態が続いています(143)。

　また、2016年〜2017年の日本の鶏卵、牛乳、牛肉、豚肉の価格を、価格の高い国と低い国と比較して、**表13**に示します(144)。

　例えば、米1kgの価格は、日本での420円に対してイランで499円、アメリカでは422円、中国(北京)では34円、ペルーでは75円、小麦1kgの価格は、日本での232円に対して香港では364円、アメリカでは295円、インドでは45円とされています。さらにバスの初乗り料金は、日本の都市部では210円であるのに対して、ベルギーでは324円、アメリカでは219円、フィリピンとエクアドルでは26円、テレビの平均価格は、日本の44,395円に対してエクアドルでは102,158円、アルゼンチンでは60,977円、アメリカでは14,017円とされています。

　一方、「世界の**インフレ率**ランキング」によると、2018年のインフレ率はベネズエラが著しく高く、次いで南スーダン、スーダン、イエメン、アルゼンチン、イラン、コンゴ、リベリア等で、これらでは貨幣価値が著しく低下しています(145)。

　なお、日本の2018年のインフレ率は0.974％で、190か国・地域中166位になっていますが、給与所得者の平均年収は減少しています。

　また物価は、工業生産額や卸売・小売業者の商品販売額とはつながっていません。

最近は、物価の変化は小さいけど、政府は物価が上るインフレになって、国の借金（国債）の価値が下がると良いと考えられているのよ

でも物価だけ上がって、給料が上がらないと生活は苦しくなるわね！

図58　消費者物価指数の推移

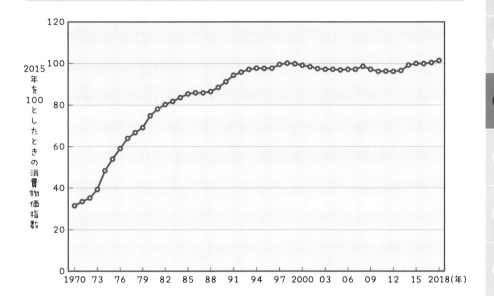

表13　鶏卵、牛乳、牛肉、豚肉の価格の国際比較

鶏卵（1個）		牛乳（1L）		牛肉（1kg）		豚肉（1kg）	
日本	23.8円	日本	223円	日本	3,010円	日本	2,290円
バーレーン	74円	ウズベキスタン	496円	韓国	2,894円	オーストラリア	1,937円
オーストラリア	49円	香港	437円	香港	2,810円	韓国	1,896円
インド・中国・ブラジル	8円	チェコ	90円	ウクライナ	500円	ベトナム	437円
クウェート	7円	ブラジル	89円	コロンビア	383円	ウクライナ	379円
ルーマニア	5円	ポーランド・アルジェリア・モザンビーク	83円	ルーマニア	380円	ポーランド	285円

38 給与所得者の平均年収はどのくらい？

　国税庁によると、1年を通して勤務した**給与所得者**は2006年には4,484.5万人であったのが、2016年には男性が2,862.2万人、女性が2,006.9万人とやや増えました(146)。しかし、男性は正規雇用者が2,172.3万人、75.9％であるのに対して、女性は正規雇用者が1,009.8万人、50.3％であり、約半数は非正規雇用者となっています。

　また、全雇用者の平均年収が2006年に4,349,000円であったのが、2016年には4,216,000円に低下しています。これは**図59**のように、平均年収が正規雇用者の35.3％しかない**非正規雇用者**が増えてきているためです。

　なお、日本経済新聞によると、安倍政権の発足と同時に物価はほとんど変わっていない一方で、1人当たりの**実質賃金**が低下し、2014年〜2017年は、2012年の96％程度となっているとされています(147)。

　また、1人当たりの実質賃金に**雇用者数**を掛けた日本全体の実質賃金は、高齢者や女性の雇用が増えたため、2014年後半から増加傾向になり、2017年後半には約106％となっています。

　一方、人事院によると、2017年の時間外勤務手当を除いた諸手当込みの国家公務員の平均給与月額は416,969円であり、総務省によると、地方公務員の時間外勤務手当を除いた諸手当込みの平均給与月額は平均は374,758円です(148)(149)。なお、国家公務員と地方公務員の職種による平均給与は、**表14**のようになっています。

同じ仕事をしていても、正規雇用者と非正規雇用者では、給与も手当も大きな差があるし、また、公務員の給与が特別高いわけではないんだよ

公務員は、給与が高いわけではないけど、安定がよいのか、やりがいがあるのか、人気があるよね！

80

日本の基盤は大丈夫なの？ ● chapter

図59 性別・雇用形態別の平均年収

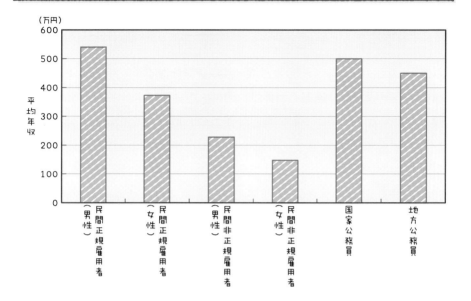

表14 公務員の職種による平均給与の違い

職種	平均給与月額
事務次官・局長・試験所・研究所・病院・療養所の長等	1,027,387円
機器の運転操作、庁舎の監視者	328,360円
保健師、助産師、看護師、准看護師等	349,161円
地方一般行政職	363,448円
高等学校教育職	417,629円
小・中学校教育職	401,345円
警察職	368,063円

39 地方公務員と地方自治体議員の年収はどのくらい？

「全国の自治体職員(全職種)の月収・年収ランキング(2017年)」によると、全職種の**平均年収**が高い**地方自治体**は、図60に示すように、給与所得者の平均年収より高くなっていますが、地方公務員の人数は減っています(150)。

一方、平均年収の低いところは、沖縄県多良間村の4,045,600円、東京都青ヶ島の4,184,000円、大分県姫島村の4,318,900円、新潟県粟島浦村の4,504,900円、福岡県大任町の4,528,600円、東京都御蔵島村の4,547,500円、長野県天龍村の4,564,100円、沖縄県渡名喜村の4,569,300円、奈良県野迫川村の4,611,200円、和歌山県印南町の4,618,400円等となっています。

ただし、地方公務員でも地域によって平均年齢が35.9歳〜48.2歳と大きな差があること、および地域によって物価もかなり差があること等に注意が必要です。

一方、2015年8月時点で、1,666の**地方自治体議員の月収**の上位と下位は、図61に示すように、10倍以上の差があります(151)。

なお、国際的なデータベースサイト「NUMBEO」によると、2015年前後の全労働者の**税引き後平均月収**は、スイスが最も高く約5,006ドル、ノルウェーが約3,385ドル、アラブ首長国連邦が約3,356ドル、アメリカが約3,305ドル等で、日本は統計のある90か国中18位の2,493ドルになっています(152)。

なお、「世界の月収ランキング2017年版」によると、123か国・地域中で全労働者の月収が高いのは、バミューダの約4,574ドル、次いでスイス、ノルウェー等で、日本は14位の約2,419ドルとされています(153)。

地方自治体職員の年収の差は2倍以下だけど、地方議員の平均月収には10倍もの差があるのよ

時間が取られる割に報酬が少ないところでは、地方議員のなり手がいないんでしょ？

日本の基盤は大丈夫なの？ ● chapter

| 図60 | 全職種の平均年収の高い地方自治体 |

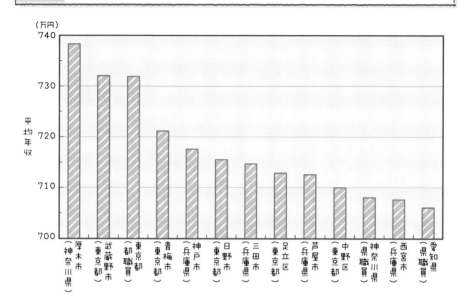

| 図61 | 議員の月収が高い地方自治体と低い地方自治体 |

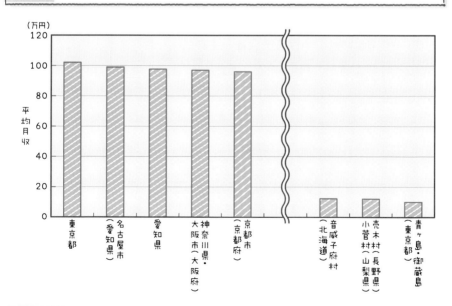

40 工業生産額と業種別売上額・利益はどのくらい？

経済産業省の「統計から見る日本の工業」によると、**工業生産額**は、1970年頃から1990年頃に急増し、1995年頃からは変化が小さくなっています(154①)。

ただし、繊維業は1995年以降、発展途上国との競争等で減少しています。

さらに、経済産業省の**鉱工業指数**によると、2015年を100とした場合の主要鉱工業製品の生産量(生産指数)は、1953年には5.4であったのが1970年以降は図62に示すように、1973～74年の第1次石油危機で低下した後は1991年まで上昇を続け、その後は上下を繰り返し、2008年には119.4になりましたが、2008～09年のリーマンショックで大きく低下し、2010年からは100前後となっています(154②)。

経済産業省の調査によると、2016年度の全業種の売上高合計は684兆311億円で、主要な業種の**売上高**、**営業利益**、**経常利益**は図63のようになっていますが、これらはいずれも中小企業の寄与が大きくなっています(154③)。

なお、2016年度の1企業当たりの売上高と営業利益は、物価が安定している中で、多くの業種で2015年度よりマイナスになっています。

一方、2016年時点での**保有子会社**の平均数は、製造業が国内に4.9社、海外に8.2社、卸売業が国内に4.9社、海外に8.7社、小売業が国内に3.1社、海外に2.6社となっています。すなわち、小売業は、製造業や卸売業に比べて保有子会社数が少ないことが示されています。

> 1954年～1973年は神武景気、岩戸景気、オリンピック景気、いざなぎ景気、列島改造ブームなどの高度経済成長期、1973年末～1991年は安定成長期といわれて、各業種の生産額、売上高、営業利益、経常利益が増加したんだよ

> 高度成長期はモーレツ社員時代で、お父さんがほとんど家にいなかったので、家族の「幸福度」は低かっただろうなぁ…

日本の基盤は大丈夫なの？ ● chapter

| 図62 | 鉱工業の生産指数の推移 |

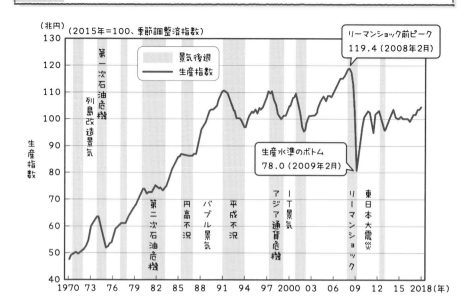

| 図63 | 主要業種の売上高および営業利益と経常利益 |

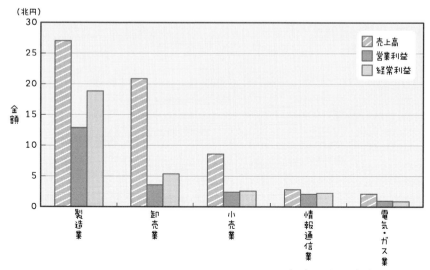

※売上高は、グラフの数値の1/10です

41 農林水産物の産出額はどのくらい？

　農林水産省の「農林水産統計 平成28年農業総産出額及び生産農業所得(全国)」によると、**農業総産出額**は図64のように推移しています(155①)。

　1961年までは2兆円以下、1977年に10兆円を越えましたが、2000年～2015年は8兆円～9兆円程度になっています。

　なお、「平成28年農業総産出額及び生産農業所得(都道府県別)」によると、2016年には北海道が1兆2,115億円、茨城県が4,903億円、鹿児島県が4,736億円、千葉県が4,711億円、宮崎県が3,562億円、熊本県が3,475億円、青森県が3,221億円、愛知県が3,154億円等となっています(155②)。

　また、「農林水産基本データ集」によると、2016年の1人当たりの年間消費量は、米が54.4kg、畜産物が139.8kg、油脂類が14.2kgです(155③)。

　さらに、農林水産省の「農業生産に関する統計(1)」によると、1989年と2016年の産物ごとの**農業産出額**は、図65に示すようになっています(155④)。

　すなわち、米、麦類、豆類の減少が著しく、肉牛や鶏等は増加しています。

　また、「農業生産に関する統計(2)」によると、2016年の食用米の**収穫量**が804.4万t、飼料用米の収穫量が50.6万t、小麦の収穫量が79.1万t、二条大麦の収穫量が10.7万t、六条大麦の収穫量が5.4万t、はだか麦の収穫量が1.0万t、大豆の収穫量が23.8万t、てんさいの収穫量が392.5万tとされています(155⑤)。

1954年～1973年の高度経済成長期には消費が増え、物価が上がり、農業生産額も大きく伸びたのよ

高度成長期には農業従事者が工場で働くようになったけど、農業は高度成長したのかなぁ？

日本の基盤は大丈夫なの？ ● chapter

| 図64 | 農業総産出額の推移 |

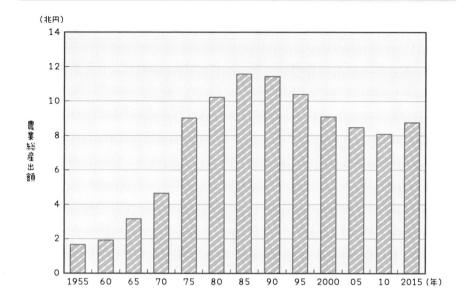

| 図65 | 1989年と2016年の農業産出額 |

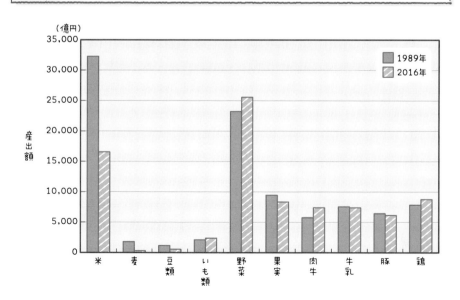

ここも見てね 49 50 51 52 53 54

42 卸売業と小売業の年間商品販売額はどのくらい？

　2014年の**年間商品販売額**は合計約478兆8,284億円であり、卸売業が約356兆6,516億円で74.5％、小売業が約122兆1,767億円で25.5％とされています(156)。

　卸売業の年間商品販売額上位8業種は、**図66**に示すようになっています。

　すなわち、食料・飲料卸売業が11％、石油鉱物卸売業が10.7％、電気機械器具卸売業が9.7％、農畜産物・水産物卸売業が8.6％を占めています。

　また、卸売業の従業員規模別年間商品販売額は、100人以上の卸売業が約135.1兆円で37.9％、次いで、10人～19人の卸売業が約52.4兆円で14.7％、50人～99人の卸売業が約42.8兆円で12.0％、5人～9人の卸売業が約39.3兆円で11.0％、30人～49人が34.0兆円で9.5％、20人～29人が30.2兆円で8.5％、4人以下が22.8兆円で6.3％で、ほとんどが中小企業によるものです。

　小売業の2014年年間商品販売額上位8業種は、**図67**のようになっています。

　なお、家電量販店は、機械器具小売業の電機器具器具小売業に含まれます。

　また、小売業の従業員規模別の年間商品販売額は、10～19人の小売業が約25.5兆円で20.9％、次いで、100人以上の小売業が約21.6兆円で17.7％、5人～9人の小売業が約20.9兆円で17.1％、50人～99人の小売業が約14.8兆円で12.1％、20人～29人の小売業が約12.8兆円で10.5％等となっています。

　すなわち、卸売業も小売業も、従業員規模と年間商品販売額は、必ずしも対応していません。

　また最近は、電子商取引やクレジットカードによる販売も増えています。

食料品や自動車とガソリンなどの燃料小売業の販売額が多いんだよ

食べ物は必ず必要だし、自動車も仕事や生活に必要になったからね！

日本の基盤は大丈夫なの？ ● chapter

図66　卸売業の商品販売額上位8業種

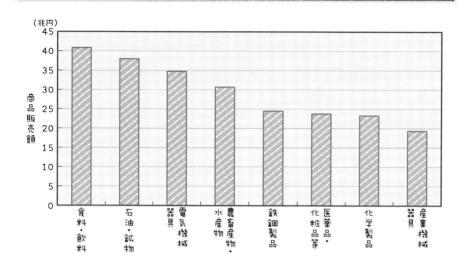

図67　小売業の商品販売額上位8業種

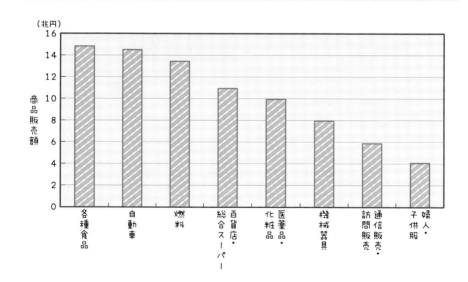

43 外国人留学生の人数はどのくらい？

　2017年5月1日現在の**外国人留学生**数は267,042人で、前年に比べて11.6%増えています(157)。この留学生の出身国は**図68**に示すように、中国、ベトナム、ネパール、韓国、台湾等のアジアが多く、欧米は少なくなっています。

　また、外国人留学生数は2000年頃から増加し、2014年から急増しています。この増加は、専修学校の専門課程や日本語教育機関の学生数の増加で、就労による長期滞留や永住を意識した留学生の増加によると考えられます。これらの留学生の増加は、在留外国人の増加にも影響しています。

　なお、日本人の**海外への留学生**は、2016年度に96,853人で、前年に比べて14.4%増えています。留学先で多いのは、アメリカが20,214人、オーストラリアが9,485人、カナダが8,908人で、これら3か国で留学先全体の39.8%で、その他の国に60%以上の人が留学していることになっています。

　(独)日本学生支援機構によると、2017年の教育課程別の留学生の人数は、**図69**に示すようになっていて、大学や大学院だけでなく、日本語教育機関や専修学校・専門学校への留学生も多くなっています(158)。

　また、この留学生を専門分野別に見ると、人文科学が46.5%、社会科学が25.3%、工学が11.5%、芸術が3.2%、家政が1.8%等で、性別は、女性が43.6%となっています。なお、文部科学省と(独)日本学生支援機構とでは、集計月が違うので留学生数に少し差があります。

日本への留学生は、アジア地域からが大部分で、大学だけでなく、専修学校や日本語教育機関にも多く、日本で就職や結婚をしている人も多くなっているのよ

アメリカやヨーロッパからも多く来るといいし、卒業後に日本と出身国との橋渡し役をしてくれるといいわね！

日本の基盤は大丈夫なの？ chapter

図68　日本にいる留学生の出身国別人数

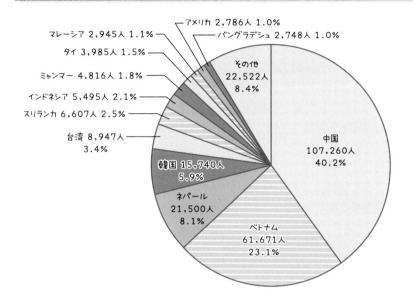

図69　教育課程別の留学生の人数

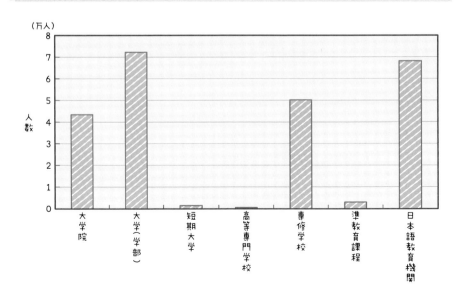

chapter 4
日本はどれだけ外国に頼っているの？

44 海外在留邦人と在留外国人の人数はどのくらい？

　海外在留邦人の数は**図70**に示すように増加し、2017年10月1日現在の海外に在留する邦人（日本人）は、**長期滞在者**と**永住者**の合計が1,351,970人で、過去最多になりました(159)。

　また、2017年時点で海外在留邦人の多い国は、アメリカが426,206人、中国が124,162人、オーストラリアが97,223人、タイが72,754人、カナダが70,025人、イギリスが62,887人、ブラジルが52,426人等であり、9年前の2008年に比べると、タイが65%増、オーストラリアが約46%増、カナダが39%増、アメリカが10%増ですが、イギリスは変わらず、中国は1%減、ブラジルは13%減です。

　さらに、職業別に見ると、民間企業関係者が約53%で最も多く、次いで留学生・研究者・教師が約21%、その他（無職等）が約17%、自由業関係者が約5.6%、政府関係者が約2.6%等となっています。

　一方、2017年12月末での**在留外国人**の数は、外国人留学生を含めた総数で3,179,313人となっています。そのうち、アジア人が約260万人で約81.8%を占めています(160)。

　国別に見ると、**図71**に示すように、アジア諸国のほかに、南アメリカ、北アメリカ、ヨーロッパ、アフリカ、オセアニア等の人が日本に在留していますが、アラブ地域からの人の在留は少なくなっています。なお、無国籍の外国人が656人在留しています。

> 経済の国際化もあって、外国への長期滞在者や永住者が増え続け、日本人が世界で活躍するようになってきたし、在留外国人もすごく増えてきたんだよ。

> 世界で活躍する日本人が増えるのはいいことだね！

| 図70 | 海外在留邦人数の推移 |

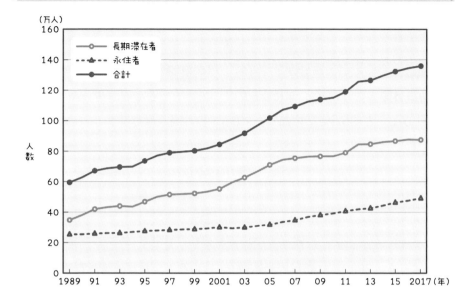

| 図71 | 在留外国人の国別の人数と割合 |

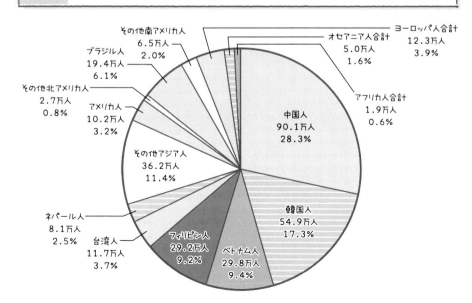

45　訪日外国人の人数はどのくらい？

　観光庁の「平成30年版観光白書」および統計情報の「出入国者数」によると、**訪日外国人数**は、2003年には5,211,725人であったものが、2017年には28,691,073人と約5.5倍に増加し、2015年の外国人旅行者受け入れ数ランキングでは、世界231か国・地域中で15位になりました(161①②)。

　また、(独)国際観光振興機構(日本政府観光局)の統計データによると、2017年の訪日外国人の総数約2,869万人の国・地域別は、**図72**のようになっています(162)。

　また、観光庁が策定した観光立国推進基本法に基づく「観光立国推進基本計画」によると、2020年に**訪日観光客数**を4,000万人、リピーター数を2,400万人、外国人旅行消費額を8兆円、3大都市圏以外の地方宿泊者数を延べ7,000万人・泊にするとしています(161③)。

　また、観光庁の「旅行・観光消費動向調査(平成29年年間値)」によると、2017年の訪日外国人の消費額は約4.4兆円、日本人の海外旅行時の消費額は約1.2兆円で、最近は電子商取引も多くなっています(161④)。

　さらに、「**観光競争力**ランキング」によると、2015年と2017年の順位は**表15**に示すようであり、2017年は、136か国地域中の1位はスペイン、2位はフランス、3位はドイツで、4位が日本、次いで、イギリス、アメリカ、オーストラリア、イタリア、カナダ、スイス等となっています(163)。

日本には、山や海、特有の文化や歴史があるから、外国人にも、日本人にも旅行が魅力的なのよ

住んでいるところも含めて、日本の良いところをよく知りたいわ！

日本はどれだけ外国に頼っているの？ ● chapter

図72 訪日外国人の国・地域別人数と割合

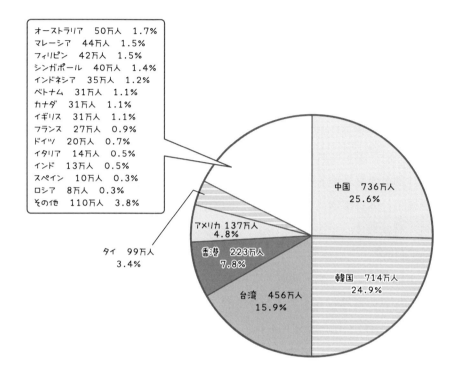

表15 2017年と2015年の観光競争力ランク

2017年順位	国名	2015年順位
1位	スペイン	1位
2位	フランス	2位
3位	ドイツ	3位
4位	**日本**	**9位**
5位	イギリス	5位
6位	アメリカ	4位
7位	オーストラリア	7位
8位	イタリア	8位

2017年順位	国名	2015年順位
9位	カナダ	10位
10位	スイス	6位
11位	香港	13位
12位	オーストリア	12位
13位	シンガポール	11位
14位	ポルトガル	15位
15位	中国	17位

ここも見てね 87 88

46 貿易額はどのくらい？

　財務省の「貿易統計」によると、日本の貿易額は**図73**のように推移し、最近は、化石燃料の輸出入価格の変動などによって変動しています(164)。

　2016年の物品の貿易収支のほかに、各種サービスの収支、投資や融資の利子・配当の第一次所得収支、外国への援助の第二次所得収支を加えた**経常収支**は世界190か国・地域中3位の黒字です(165①～③)。

　また、日本の貿易輸入額は194か国・地域中5位、貿易輸出額は193か国・地域中4位、外貨準備高は147か国・地域中2位、経常収支は190か国・地域中3位、経常収支(対GDP比)は190か国・地域中29位となっています(165④～⑧)。

　なお、「世界・輸出額ランキング(WTO版)(166)」によると、2012年時点での日本の輸出総額は199か国・地域中4位とされています。

　一方、世界の**貿易収支**国別ランキング・推移(167①)によると、2016年の日本の貿易収支は217か国・地域中13位であり、2016年の世界の輸出額国別ランキング・推移(167②)と2017年の世界の輸入額国別ランキング・推移(167③)によると、**図74**に示したように、輸出入とも4位です。

　なお、インフラや教育、労働市場、金融サービス、およびビジネスの洗練度等から算定される「**国際競争力**ランキング(165⑨)」によると、2018年には、日本が137か国・地域中5位です。

日本は、貿易大国といわれているけど、
最近は輸出額より輸入額の方が多くなることもあるんだよ

輸入の食べ物も増えた気がするね！

98

日本はどれだけ外国に頼っているの？ ● chapter

| 図73 | 輸出入額の推移 |

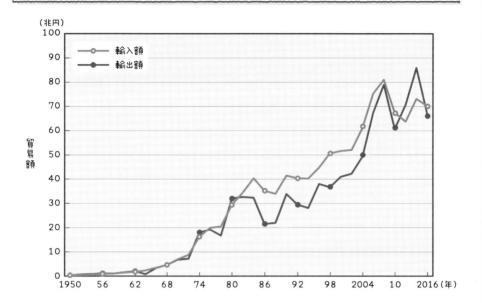

| 図74 | 各国の輸出入額 |

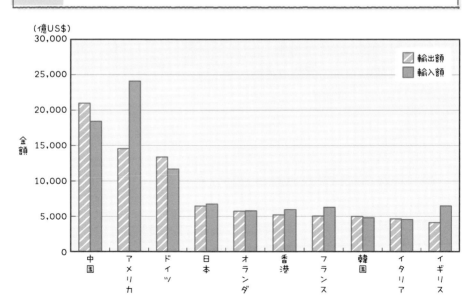

ここも見てね 29 47 48 49 50 51 52 53 54 55 56

99

47 化石燃料の輸出入額はどのくらい？

資源エネルギー庁の調査によると、部門別**エネルギー消費**は**図75**のようであり、合計は2007年以降減少傾向です(168①②)。

また、1973年に比べて2016年にはGDPが2.5倍になったのに対して、エネルギー消費は業務他部門が2.1倍、家庭部門が1.9倍、運輸部門が1.7倍しか増加せず、産業部門は0.8倍に減少し、省エネ活動の効果が示されています。

さらに、**化石燃料の輸入価格**は、1986年には1982年のピーク時の1/3以下でしたが、2011年以降は1982年のピーク時を越え、貿易量や貿易額に影響しています。なお、資源エネルギー庁は、「日本のエネルギー～エネルギーの今を知る20の質問～」で、エネルギー問題についての解説と電力関係の各種統計を示しています(168③④)。

一方、2015年の一次エネルギー国内供給量は**図76**に示すように、化石燃料による火力発電が90％以上になっています(169)。

また、2015年の日本の**石油輸入額**は約600億ドルで、2010年～2014年の約1,200億ドル～約1,800億ドルに比べて大幅に減少しました(170①)。

なお、2015年の日本の石油輸入額は193か国・地域中7位、**石油輸出額**は153か国・地域中34位、**天然ガス輸入額**は172か国・地域中1位、**天然ガス輸出額**は118か国・地域中96位となっています(170②～⑤)。

以前は、エネルギーを多く使わないと経済成長も生活向上もできないと思い込まれていたけど、GDPを下げずにエネルギー消費を減らせるようになったのよ

2005年の省エネ法第3回改正頃から、省エネ活動が効いてきたといわれているわね！

日本はどれだけ外国に頼っているの？ chapter

図75　部門別エネルギー消費量の推移

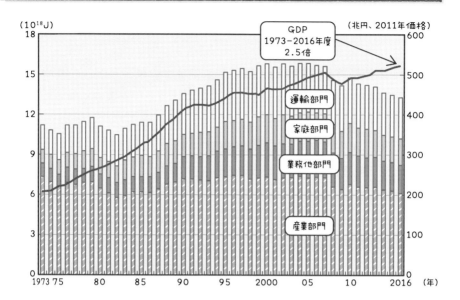

図76　2015年の一次エネルギー供給量と割合

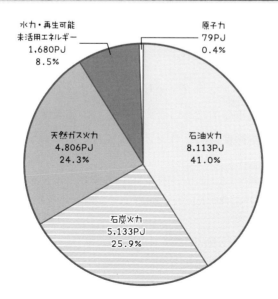

48 技術の輸出入額はどのくらい？

　2015年の**技術貿易収支**は35か国・地域中2位の黒字とされ、**図77**に示すように、日本は多くの国に技術輸出入を行い、貿易額を大きくすることに貢献しています(167④)(171)。

　また、2014年度の日本の**技術輸出総額**は3兆6,603億円で、民間企業の研究者や研究開発費が多いことが反映されています。

　分野別にみると、電子・情報関係以外の製造業が3兆1,016億円で84.7%を占め、電子・情報関係が4,808億円で13.1%、その他が2.2%です。

　一方、**技術輸入**の総額は5,130億円であり、電子・情報関係が2,567億円で50.0%、電子・情報関係以外の製造業が1,796億円で35.0%、その他が15.0%となっています。さらに、総務省の「平成29年版情報通信白書」によると、2006年にブラジルで日本方式の**地上デジタルテレビ放送**(地デジ)が海外で初めて採用されて以来、2017年3月現在、日本方式の地デジが19か国で採用されているとされています(172)。このため、官民が協力して、日本方式の地デジを導入したフィリピン、ペルー、インドネシア、オーストラリア、ミャンマー、マレーシア等で、社会的課題に資する各種のICTの活用を進めることになっています。

　また、2016年にロシアともICT分野および郵便分野における協力覚書が交換され、さらに、日本の情報通信研究機構とロシア無線通信研究所との間での研究協力や、日本郵便(株)とロシア郵便公社との事業協力覚書等が締結されています。

資源の少ない日本には技術輸出が重要で、デンマーク以外の多くの国に対して技術輸出額が技術輸入額より多いんだよ

日本は、国土が狭くても技術で稼いでいるんだね！

日本はどれだけ外国に頼っているの？ ● chapter

図77　日本の相手国別技術輸出入額

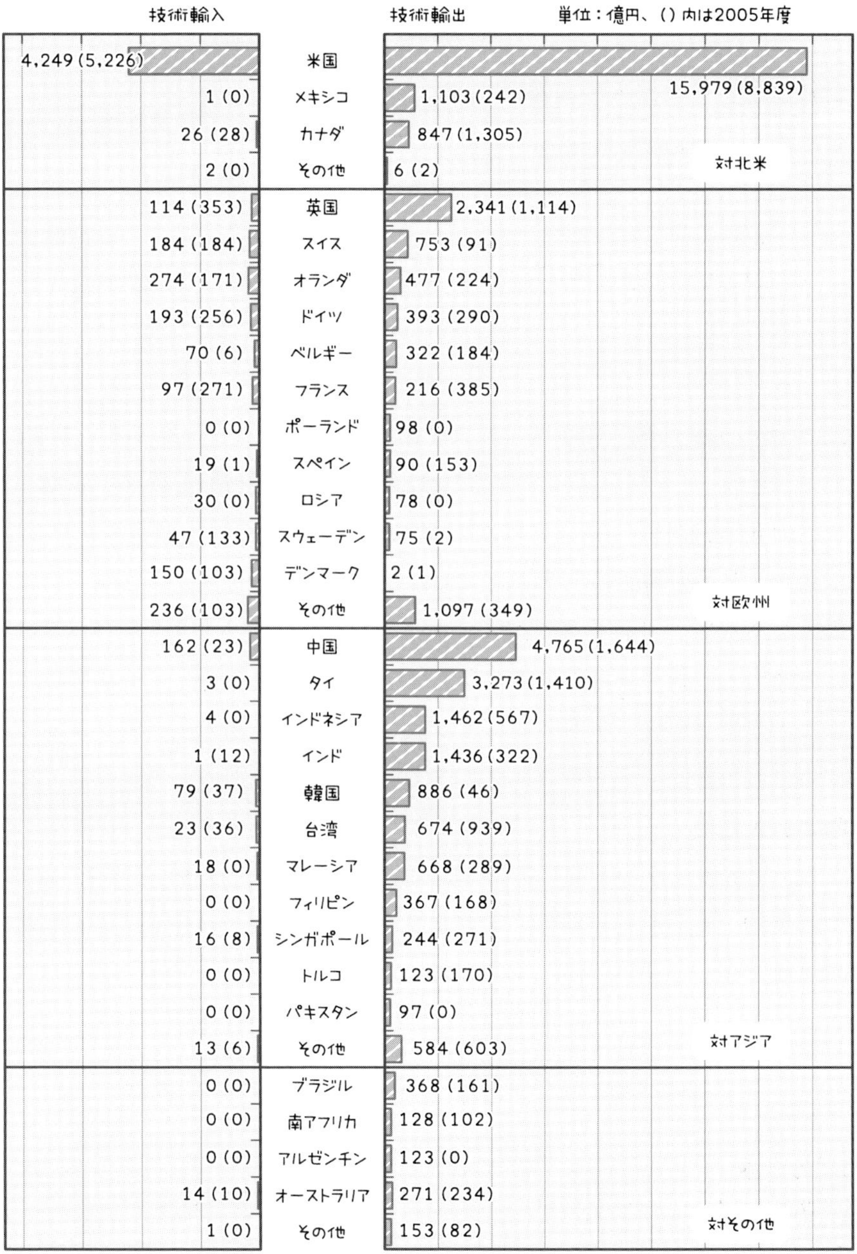

技術輸入　　　　　　技術輸出　　　　単位：億円、（）内は2005年度

技術輸入	相手国	技術輸出
4,249 (5,226)	米国	15,979 (8,839)
1 (0)	メキシコ	1,103 (242)
26 (28)	カナダ	847 (1,305)
2 (0)	その他	6 (2)
		対北米
114 (353)	英国	2,341 (1,114)
184 (184)	スイス	753 (91)
274 (171)	オランダ	477 (224)
193 (256)	ドイツ	393 (290)
70 (6)	ベルギー	322 (184)
97 (271)	フランス	216 (385)
0 (0)	ポーランド	98 (0)
19 (1)	スペイン	90 (153)
30 (0)	ロシア	78 (0)
47 (133)	スウェーデン	75 (2)
150 (103)	デンマーク	2 (1)
236 (103)	その他	1,097 (349)
		対欧州
162 (23)	中国	4,765 (1,644)
3 (0)	タイ	3,273 (1,410)
4 (0)	インドネシア	1,462 (567)
1 (12)	インド	1,436 (322)
79 (37)	韓国	886 (46)
23 (36)	台湾	674 (939)
18 (0)	マレーシア	668 (289)
0 (0)	フィリピン	367 (168)
16 (8)	シンガポール	244 (271)
0 (0)	トルコ	123 (170)
0 (0)	パキスタン	97 (0)
13 (6)	その他	584 (603)
		対アジア
0 (0)	ブラジル	368 (161)
0 (0)	南アフリカ	128 (102)
0 (0)	アルゼンチン	123 (0)
14 (10)	オーストラリア	271 (234)
1 (0)	その他	153 (82)
		対その他

ここも見てね 21 33 46

103

49 農林水産物全体の輸出入額はどのくらい？

　農林水産物の輸出入額は**図78**のように推移し、貿易額に大きく影響しています(173①)。主な**農産物の輸入額**は、たばこが5,297億円、豚肉が4,910億円、牛肉が3,505億円、とうもろこしが3,458億円、生鮮・乾燥果実が3,248億円、アルコール飲料が2,868億円、鶏肉調製品が2,521億円等であり、**林産物輸入額**は、製材が2,509億円、木材チップが2,363億円であり、**水産物輸入額**は、さけ・ますが2,235億円、えびが2,205億円、かつお・まぐろ類が2,053億円等となっています。

　2017年の主要な**輸入相手国**と輸入金額は、**表16**のようになっています。

　農林水産省の「農林水産物・食品の輸出に関する統計情報 農林水産物・食品の輸出実績(平成29年)(173②)」には2017年の農林水産物の輸出額が示され、「**農林水産物・食品の輸出**の現状(173③)」には、輸出拡大への取組が示されています。

　経済産業省は、「通商白書」2017年版で政府全体の動きおよび農林水産物・食品の輸出入の推移や各国の食料品等の輸出入額等を紹介しています(174①②)。

　また、農業従事者と水産業従事者の人数や農林水産物の産出額が減ってきたため、首相官邸のワーキンググループが、国・地域別の農林水産物・食品の**輸出拡大戦略**を提示し、農林水産業振興を行っています(175)。

　なお、世界の農産物・食料品輸出額国別ランキング・推移によると、2016年の農産物・食料品輸出額は、アメリカが1位で、日本は216か国・地域中45位となっています(176)。

農林水産物の輸入量が増え、日本の農業は苦しくなったのよ

日本の農業を守ることはとても大切だけど、多くの国と仲良くしないと食べられないようになっているのね！

| 図78 | 農林水産物の輸出入額の推移 |

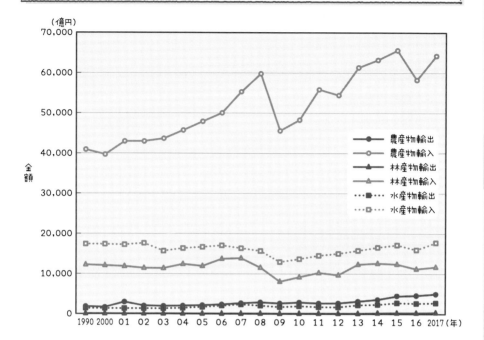

| 表16 | 農林水産物の輸入相手国と輸入額 |

	1位	2位	3位	4位	5位
農産物	アメリカ 14,565億円	中国 7,254億円	オーストラリア 4,544億円	タイ 4,407億円	カナダ 3,928億円
林産物	中国 1,688億円	カナダ 1,176億円	インドネシア 989億円	マレーシア 974億円	フィリピン 945億円
水産物	中国 3,169億円	アメリカ 1,658億円	チリ 1,575億円	ロシア 1,248億円	ベトナム 1,190億円

50 食料全体の自給率と輸出入額はどのくらい？

　農林水産省の「日本の食料自給率」によると、2013年時点の各国のカロリーベースの**食料自給率**は、図79のようになっています(177①)。

　日本は陸地の耕地面積割合が小さく、農業従事者の人数や農林水産物の産出額が減少したため、日本のカロリーベースの食料自給率は、1965年には73%でしたが、1995年頃までに急減し、2017年には38%になっています。

　また、農林水産省の「知ってる？　日本の食料事情」では、2015年時点の状況について、図やコラムで分かりやすく説明しています(177②)。

　例えば、農林水産省の「生産量と消費量で見る世界の小麦事情」によると、日本の2014年の小麦消費量は417.7万tで、世界で22位、1人1年当たりにすると、約33.3kgで、米の消費量の約60%になっています(177③)。

　一方、外務省の「日本と世界の**食料安全保障**」によると、2016年〜2017年の小麦、とうもろこし、大豆の生産量と世界の輸出量と日本の輸入量は、図80のようになり、日本の貿易額に大きく影響しています(178)。

　なお、**穀物需要**と穀物価格はバイオエタノール生産量の増加、人口増加による食用穀物の増加、家畜の飼料用穀物の増加等があるため、穀物価格は高くなると予想されています(177④)。

　また、2017年度の野菜と果物のカロリーベースの自給率と生産額ベースの自給率は、野菜が75.3%と89.3%、果実が34.4%と62.6%、魚介類が58.8%と47.1%、畜産物が15.8%と57.2%となっています(177①)。

日本の食料自給率は、カナダの1/7程度しかない、深刻な状態なんだよ

輸入が途絶えたら日本人は食べるのに困るんだね！

日本はどれだけ外国に頼っているの？ ● chapter

図79　各国のカロリーベースの食料自給率

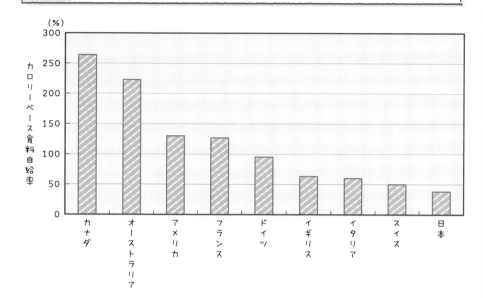

図80　米以外穀物の生産量・世界の輸出量・日本の輸入量

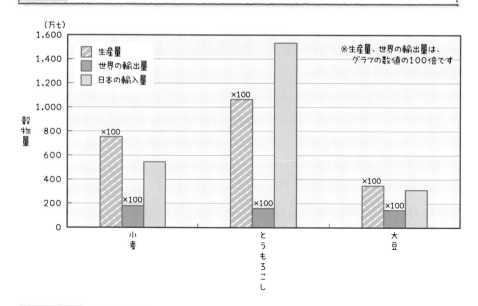

ここも見てね　3　19　41　46

51 穀物の消費量と輸出入額はどのくらい？

　日本は、食料輸入が増えていますが、農林水産省の「世界の食料事情と農産物貿易の動向 ア 世界の食料事情」によると、穀物等の生産や輸出が特定国へ集中していること、世界の栄養不足人口が10億人を越えていること等が示され、今後も穀物の消費量は増加すると予測されています[177⑤]。特に、中国の消費量の増加の影響が特に大きいと指摘されています。

　また、穀物の生産量は増加するものの、収穫面積はあまり変わらず、1人当たりの収穫面積は減少すると予測されています。

　さらに、「世界の穀物需給及び価格の推移」によると、米、とうもろこし、小麦、大麦等の**穀物の消費量**は、**図81**のように推移しています[177④]。

　なお、**穀物価格**は、2007年頃から高騰し、2013年まで高値が続き、2006年の約2倍の高値となり、変動しながらも高値が続くと予想されています[178]。

　なお、重量当たりの価格は、とうもろこしと小麦の価格が近く、大豆と米の価格は、とうもろこしと小麦の価格の2倍以上になっています。

　一方、Heligi Libraryの「Rice Consumption Per Capita」に2013年時点での158か国・地域の1人当たりの**年間米消費量**が示され、消費量の多い国と日本の消費量は**図82**に示すようになっているとされています[179]。

　また、OECDと国際連合食糧農業機関（FAO）によると、2012年～2014年の**1人当たりの米消費量**は、ベトナムが191.1kg、バングラデシュが169.5kg、インドネシアが163.0kg等で、日本は50位の56.7kgとされています[180]。

お米は、東南アジア人の主食だけど、価格が高くなり、お米の産地国でも貧乏な人は、お米を食べられずに、飢える心配があるのよ

日本人は、お米をあまり食べなくなっているんだね！

日本はどれだけ外国に頼っているの？ ● chapter

図81　世界の穀物消費量の推移

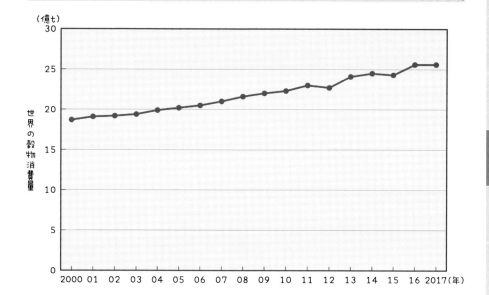

図82　1人当たり年間米消費量の多い国と日本の消費量

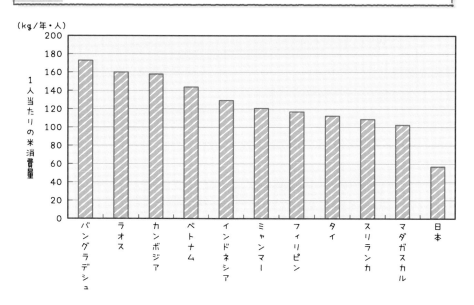

ここも見てね　3 19 41 46

52 野菜・果物の消費量と輸出入額はどのくらい？

　農林水産省の「野菜をめぐる情勢(平成30年10月)」によると、日本での2017年の**野菜の消費量**は、1,449.9万tで、国産野菜、および輸入生鮮野菜と輸入野菜加工品の内訳は**表17**上段に示すようになっています(181①)。

　一方、「果樹をめぐる情勢」によると、2015年時点での果実の国内生産量は296.9万tであり、そのうち、生鮮用が260.1万t、果汁等加工品が36.8万tであり、輸入の生鮮用果実が178.6万t、輸入の果汁等加工品が256.5万tで、内訳は**表17**下段に示すようになっています(181②)。

　また、2011年の1人当たり果実消費量を世界と比較してみると、**図83**に示すように、日本人は1日に140gで、世界174か国・地域中129位と少なくなっています(182)。

　さらに、(一社)JC総研の農畜産物の消費行動に関する調査「野菜・果物の消費行動に関する調査結果－2016年調査－」によると、**野菜不足**と感じている人が5割を越え、野菜が食べられる家庭での食事を増やしたいと考えている人が約4割いるとされています(183)。

　一方、農林水産省の「農林水産物・食品の輸出の現状」によると、2015年の**野菜・果物の合計輸出額**は235億円で、野菜では、長芋が26億円で最も多く、果実では、りんごが134億円で最も多くなっています(173③)。

　なお、民間情報サイトの「野菜ナビ」と「果物ナビ」には、2015年の**果物の種類別の作付面積、収穫量、輸出入量**のランキング等が示されています(184①～②)。

日本人はオランダ人の約32%、他の多くの国に比べても少ししか果物を食べないので、果物不足なのよ

若い人は、果物の皮をむくのが面倒だから敬遠しているんだってね！

表17 野菜と果実の国産、輸入、輸入加工品の量

国産野菜（万t）		輸入生鮮野菜（万t）		輸入野菜加工品（万t）	
キャベツ	144.6	たまねぎ	27.9	トマト（ジュース等）	77.3
だいこん	136.2	かぼちゃ	11.7	スイートコーン	26.2
たまねぎ	124.3	にんじん	9.2	にんじんジュース	19.2
その他	754.7	その他	32.9	その他	85.8

国産生鮮果実（万t）		輸入生鮮果実（万t）		輸入果実加工品（万t）	
温州みかん	71.1	バナナ	96.0	オレンジ果汁	79.1
りんご	70.2	パイナップル	15.1	りんご果汁	59.6
その他	118.8	その他	67.5	その他	117.8

図83 1人当たり果実消費量の多い国と日本の消費量

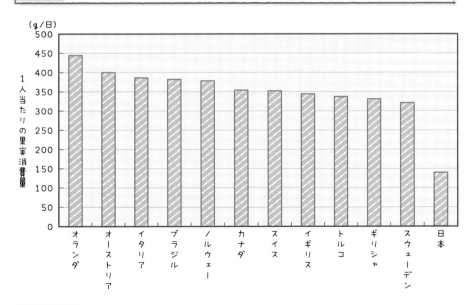

ここも見てね 3 19 41 46

111

53 魚介類の消費量と輸出入額はどのくらい？

　水産庁の「平成28年度水産白書」の平成28年度水産の動向・平成29年度水産施策・第Ⅱ章平成27年度以降の我が国水産の動向によると、**漁業・養殖業の国内生産量**は、1984年に1,282万tでピークとなり、1989年以降は低下し、2015年には469万tになっています(185①)。

　農林水産省の「漁業生産に関する統計」によると、**漁業生産額**は、1965年～1982年には約2兆9,800億円でしたが、2003年以降は1兆5,000億円前後で、2015年には、海面漁業が1兆11億円、海面養殖業が4,869億円、内水面漁業が184億円、内水面養殖業が853億円となっています(186)。

　また、2015年には、国内生産量の469万tに対して、輸入量が426万t、輸出量が63万tで、**輸入魚介類**の種類は、エビが12.1％、マグロ・カジキが11.7％、サケ・マスが11.2％、エビ調製品が4.6％、カニとタラが各3.6％等であり、輸入国は、中国、アメリカ、チリ、タイ等となっています(185②)。

　一方、**魚介類の輸出額**は、2009年～2012年までは1,800億円前後でしたが、その後は増加し、2015年には2,757億円（輸入額の約16％）になっています。

　また、食用**魚介類の自給率**は、**図84**のように、1960年度には110％であったものが、1980年頃から急減し、2015年には59％に減っています。

　なお、環境省の「環境統計集」の1章1.29水産物生産量（種類別捕獲量）によると、2014年時点での**各国の水産物生産量と養殖量の合計捕獲量**は、**図85**のようになっています(187)。

1980年代に、魚介類の輸入が増えて自給率が大幅に低下し、漁師さんが減ってしまったんだよ

日本は、四方を海に囲まれている国なのに！

112

日本はどれだけ外国に頼っているの？ chapter

図84 魚介類自給率の推移

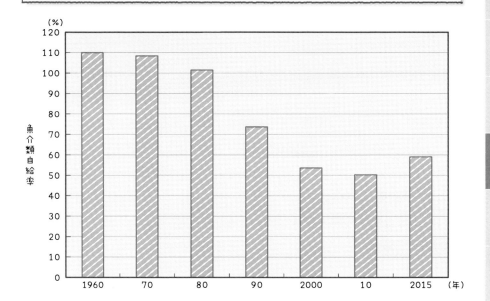

図85 各国の水産物生産量と養殖量

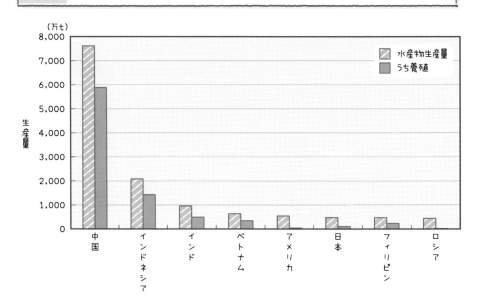

54 食肉・鶏卵の消費量と輸出入額はどのくらい？

　農林水産省の「食肉鶏卵をめぐる情勢」によると、日本人の**牛肉の消費量**は2001年～2003年には90万tを越えましたが、2004年～2017年は約80万～88万tで推移し、約4割が国内生産、約6割が輸入となっています(188)。

　2015年の**牛肉の輸入**は、図86のように、オーストラリアとアメリカの2か国で93％を占めています。なお、2015年の牛肉の輸出量は、1,611tでした。

　豚肉の消費量は、2002年以降は160万～170万tで、半分強が国内生産であり、2015年の**豚肉の輸入量**は、アメリカからが約26.6万t、カナダからが約17.0万t、デンマークからが約11.6万t、その他からが約27.4万tであり、2015年の豚肉の輸出量は1,458tでした。

　また**鶏肉の消費量**は、2014年には222.6万tで、約1/3が輸入であり、2015年の**鶏肉の輸入国と輸入量**は、ブラジルからが約42.6万tで非常に多く、タイからが約9.6万t、アメリカからが約2.3万tであり、その他からは約0.6万tしかありません。また、2015年の鶏肉の輸出量は、香港に6,117t、ベトナムに700t、その他に2,106tとなっています。

　さらに、（独）農畜産業振興機構の「食肉の消費動向について」によると、図87に示すように、1960年には牛肉、豚肉、鶏肉とも1人1年に約1kgであったものが、2013年には牛肉6kg、豚肉12kg、鶏肉12kg、合計30kgで、約10倍になっています(189)。

　なお、鶏卵の消費量は2004年から260～270万tで、95％が国内生産です。

食の欧米化で食肉の消費量が1960年頃から1980年頃までに急増し、最近は、魚より肉を食べる人が多くなったのよ

魚には、肉にない健康成分があるのにね！

114

| 図86 | 牛肉の輸入先と輸入量 |

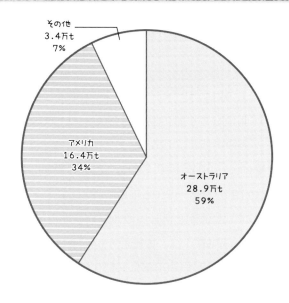

| 図87 | 食肉消費量の推移 |

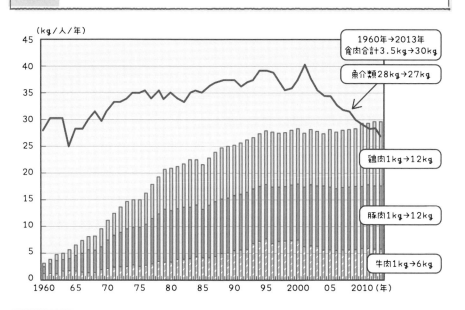

55 紙の消費量と輸出入額はどのくらい？

　日本製紙連合会の「製紙産業の現状」の紙・板紙の需要推移によると、2005年には紙が1,933.8万t、板紙が1,243.5万tで1990年より増えたものの、2010年には減少し、2016年の日本の**紙の需要量**(消費量)は1,503.7万t、**板紙の需要量**は1,166.5万tで、その内訳は、**図88**のようになっています(190)。

　一方、**紙の輸出量**は、1990年の70.1万tから2016年の111.6万tに、板紙の輸出量は、1990年の19.9万tから2016年の43.7万tに増えています。これらの紙や板紙の原料には、古紙等と新しいパルプが使われますが、2016年には製紙原料の合計約2,670万tのうち、古紙等が64.2％になっています。

　このため、**パルプの生産量**は1990年に1,130万tであったものが、2016年には880万tに減りました。さらに、**パルプの輸入量**は1990年には290万t、1995年には360万tであったものが、2016年には170万tに減り、輸入依存度は1995年に24.4％から、2016年には16.3％まで下がっています。

　このパルプの輸入先は、アメリカが30.8％、カナダが24.5％、ブラジルが14.1％、チリが7.3％、インドネシアが6.3％、ニュージーランドが5.6％、ロシアが4.6％となっています。

　なお、紙・パルプの輸出入の単価は、かなり大きく変動しています。

　一方、2015年の世界の**1人当たりの紙・板紙の年間消費量**は、**図89**のようになっています。なお、国別の合計消費量は、中国が約1億919万t、アメリカが約7,267万t、日本が約2,623万tで世界第3位、次いでドイツ、韓国、インド、インドネシア、ブラジル、カナダ、フィンランド等となっています。

紙の消費量は文化のバロメーターといわれているけど、1人当たりの紙・板紙の消費量は、ベルギーが1位で日本は8位なのよ

ベルギー、アラブ首長国連邦、スロベニアなどの紙・板紙の消費量が多い理由を調べてみよう！

日本はどれだけ外国に頼っているの？ ● chapter

図88 紙・板紙消費量

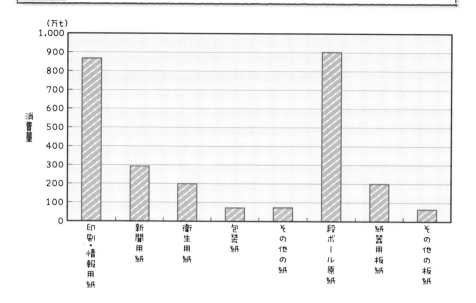

図89 1人当たりの紙・板紙消費量の多い国と平均

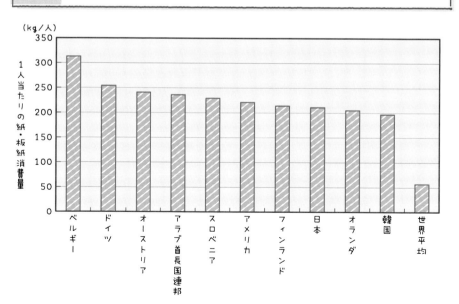

ここも見てね 46

56 金属類の消費量と輸出入額はどのくらい？

　2014年の日本の**鉄鉱石輸入額**は約7,000億円、鉄鋼の輸出額は約4兆円になっています(191①)。

　また、経済産業省は「金属素材産業の現状と課題への対応(191②)」をまとめ、様々な金属について最新の「非鉄金属等需給動態統計(191③)」を示しています。

　なお、各国の**粗鋼生産量**は図90のように推移し、中国が急増しています(192)。

　一方、(独)石油天然ガス金属鉱物資源機構の「金属資源事情」によると、2016年の日本の**非鉄金属資源の消費量**は、銅が世界消費量2,262tの4.4%、亜鉛が世界消費量1,385tの3.5%、鉛が世界消費量1,003tの2.7%、白金(プラチナ)が世界消費量584tの16.2%、モリブデンが世界消費量15.5tの16.1%等であり、**輸入相手国**と割合は、図91のようになっています(193①)。

　なお、レアメタル等は、電子製品等に不可欠であるため、日本の基準消費量の42日分を**国家備蓄**、18日分を**民間備蓄**で供給障害に備えています(193②)。

　さらに、(独)国際協力機構(JICA)のDATA BOOK「資源・エネルギーから見る日本と途上国」には、鉱物資源の地域別輸入内訳や日本の鉱物資源輸入額と地域依存率等が示されています(194)。

　また、原田幸明氏は、「レアメタル類の使用状況と需給見通し(195)」を解説し、原田幸明氏、島田正典氏および井島清氏は、「2050年の金属使用量予測(196)」について報告しています。

　なお、非鉄金属の貿易(輸出入)額は、金属の種類によってかなり異なり、また、大きく変動しているので、ここでは割愛します。

中国の粗鋼生産量は他の国の10倍近くにもなってきたし、レアメタル生産量も多いんだよ

日本はレアメタルを外国からの輸入に頼っているから、電子製品などのリサイクルを進めないとね！

日本はどれだけ外国に頼っているの？ chapter

| 図90 | 各国の粗鋼生産量の推移 |

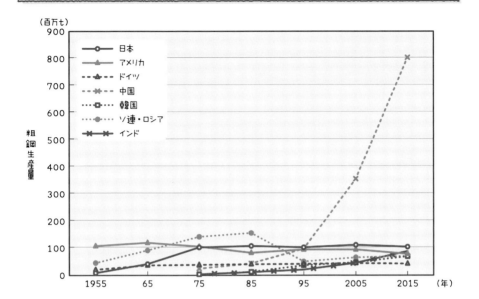

| 図91 | 非鉄金属資源の輸入相手国と輸入割合 |

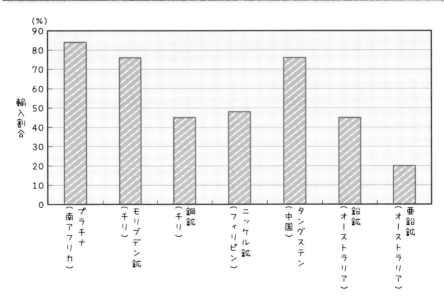

ここも見てね 46

chapter 5
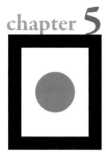本にはどんな施設があるの？

57 保育園と幼稚園の数はどのくらい？

　保育園は厚生労働省の管轄で社会福祉機関の一つとされている一方、幼稚園は文部科学省の管轄で、教育機関とみなされています。両者は類似点が多く、統一すべきだという意見もありますが、省庁の縄張りなどで統一が難しいのが現状です。なお、いずれの経費も教育予算の一部として2019年10月から無償化されます。

　厚生労働省によると、2017年4月1日現在、保育所が23,410か所、幼保連携型認定こども園が3,619か所、幼稚園型認定こども園が871か所、2歳以下の保育を行う地域型保育事業が4,893か所認定されています[197]。

　保育所等の利用児童の数は、図92のように毎年増加し、2017年4月1日現在の合計は2,546,669人で、2016年に比べて88,062人も増えています。

　また、各保育施設の利用児童数と割合は、図93のようになっています。

　なお、2017年4月1日時点で、これらの施設に希望しても入れなかった待機児童数は、26,081人で、その72.1%の18,799人が7都府県・指定都市・中核市在住の児童です。

　一方、文部科学省の「学校基本調査-結果の概要（平成29年度）」によると、2017年度の**幼稚園の数**は10,878か所あり、国立が49か所、公立が3,952か所、私立が6,877か所で、小・中学校や高等学校との一貫教育をしているところもあります[198]。

　また、**幼保連携型認定こども園の数**は3,673か所あり、そのうち、国立は0か所、公立が552か所、私立が3,121か所で、実に約85.0%が私立です。

保育所等を利用している児童数は年々増え続けているのよ

子供の数は減っているけど、共働き世帯が増えたからよね！

日本にはどんな施設があるの？ ● chapter

図92　保育所等利用児童数の推移

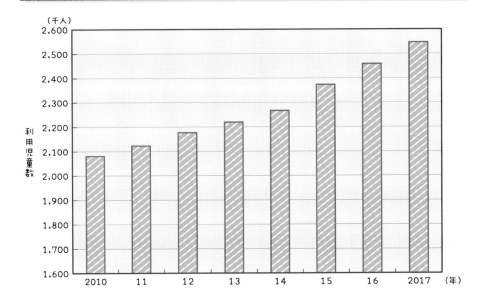

図93　各保育施設の利用児童数と割合

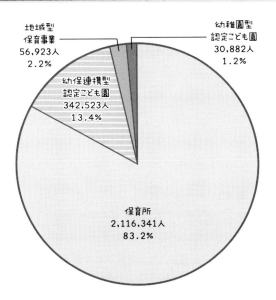

58 小中学校・高等学校・短期大学・大学の数はどのくらい？

　文部科学省によると、2017年5月1日現在の**小学校**、**中学校**、**高等学校**の数と児童・生徒数は、それぞれ、**表18**のようになっています(198)。地方自治体が責任を持つ公立の学校数と児童・生徒数が多数となっています。

　また、小学校の児童数と中学校の生徒数は少子化に伴って毎年減少し、高等学校の生徒数はやや減少しています。

　なお、私立や公立の中には、幼稚園から小・中・高等学校の一貫教育を行っているところもあります。

　また、2017年3月の高等学校卒業者1,074,655人の進路は、**図94**のようになっています。なお、高校卒業者の大学・短期大学への進学者の割合は、1988年3月～1990年3月までは約30％でしたが、2000年～2004年には約45％になり、2005年から増加しはじめ、2009年以降は54％前後となっています。

　一方、高校卒業者の就職者の割合は、1988年3月には約41％であったものが、2000年3月から2017年3月までは18％前後となっています。

　2017年時点の**大学**の数は780校で、そのうち国立が86校、公立が90校、私立が604校で、学生数は国立が609,473人、公立が152,931人、私立が2,128,476人の合計2,890,880人で、研究者も育てています。

　また、2016年度の大学院は、国立が86校、公立が79校、私立が462校あり、学生数は、修士課程が159,114人、博士課程が73,851人、専門職学位課程が16,623人とされています。また、**短期大学**の数は337校で、学生数は123,949人、**高等専門学校**の数は57校で、学生数は57,601人となっています。

子供の数は減っても、大学の数はあまり減らないので、大学に入りやすくなり、大学進学者が50％近くになったんだよ

学生が集まらない定員割れで倒産する私立大学もでてきているんだって！

表18　小学校、中学校、高等学校の学校数と児童・生徒数

	国立	公立	私立	合計
小学校数（校）	70	19,794	231	20,095
小学校児童数（人）	37,916	6,333,289	77,453	6,448,658
中学校数（校）	71	9,479	775	10,325
中学生数（人）	30,101	3,063,833	239,400	3,333,334
高等学校数（校）	15	3,571	1,321	4,907
高等学校生数（人）	8,548	2,224,821	1,046,878	3,280,247

図94　高等学校卒業者の進路

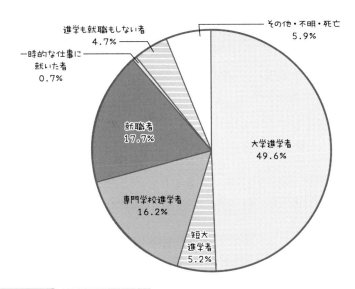

59 専修学校・専門学校と予備校・塾の数はどのくらい？

　文部科学省の「学校基本調査-結果の概要(平成29年度)」によると、学校教育法第１条に規定される学校以外の教育施設で、修業年限が１年以上、昼間課程の年間授業時間が800時間以上、夜間課程の年間授業時間が450時間以上、常時40名以上の生徒を収容している都道府県知事認可教育施設を**専修学校**といい、そのうち、中学校を卒業した者を対象とする高等課程や高等学校を卒業した者を対象とする専門課程を置く施設を**専門学校**というとされ、専門学校の経費は教育予算として無償化されることになります(198)。

　2017年５月現在の専修学校の数と生徒数は**表19**に示すようであり、2017年の専修学校の生徒数の分野別内訳は**図95**に示すようになっています。

　また、自動車教習所、洋裁学校、理容学校、美容学校、料理学校、珠算学校、予備校等を**各種学校**というとされ、2017年時点で1,183校あり、大部分の1,177校が私立で、生徒数は121,952人とされています。

　さらに、経済産業省の「特定サービス産業動態統計調査」によると、**外国語会話教室**は、2017年には3,823事業所が延べ6,481,891回開設し、受講生徒数は4,937,492人とされています(199①)。

　また、**学習塾**は、2017年には10,396事業所あり、受講生数は13,104,591人であるとされ(199②)、**予備校**は、幼稚園予備校から大学までの予備校、大学院予備校、資格取得予備校があり、幼稚園から高等学校までの予備校が600校以上、大学予備校と塾は350校程度、大学院予備校が57校、資格取得予備校が160校以上で、合計生徒数は約122,000人いるとされています。

特別な技術を身につけたいと思って
専修学校に通っている人が約80万人もいるのよ

専修学校の学生数は、医療関係と
衛生関係で43.4％なんだね！

日本にはどんな施設があるの？ ● chapter

| 表19 | 専修学校の種類別の数と生徒数 |

種類	学校数	生徒数（人）
高等課程	418	37,585
専門課程	2,822	588,223
一般課程	157	29,446
単位制	904	141,973
通信制	21	1,615

| 図95 | 専修学校生徒の分野別人数と割合 |

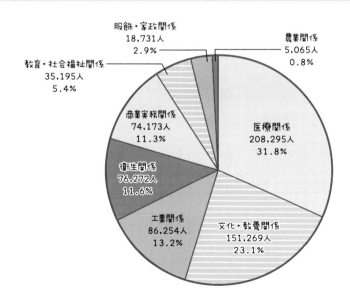

ここも見てね 27 31 43 57 58

127

60 水道と汚水処理施設の普及率はどのくらい？

　厚生労働省によると、**水道普及率**は1950年度には26.2％でしたが、1970年度には80.8％、2015年度には97.9％になっています(200)。すなわち、日本が湖沼の数や河川水系の数が多く、水資源に恵まれていることもあり、地方自治体による水道施設の設置・運営が飛躍的に多くなりました。

　なお、人口減少や管路の更新費用等に対応するため、運営を民間に委託する公営施設等運営権制度(コンセッション方式)にすることが可能になりました。

　一方、国土交通省によると、汚水処理人口普及率が毎年増加し、2016年度末に90％を突破したとされています(201①②)。

　また、環境省によると、**汚水処理**人口普及率は1965年度には8％でしたが、1996年末から2016年末までは図96のように推移し、2016年度末には、90.41％となっています(202)。

　このうち、**下水道**が78.27％、**農業集落排水施設**等が2.75％、**合併浄化槽**が9.21％、**コミュニティプラント**が0.18％であり、台所や風呂等からの雑排水を未処理で放流している人が、人口の9.59％います。また、2016年度末での汚水処理人口普及率の高い都府県と低い県は、図97に示すようであり、汚水処理施設の人口普及率の低い地域では、汲み取り式便所や単独浄化槽が多く使われています。

　不破雷蔵氏のガベージニュースには、2017年度末時点の都道府県別の下水道普及率がグラフで示されています(203)。

汚水処理関連の官庁には、国土交通省、農林水産省、厚生労働省、経済産業省、環境省などがあるため、混乱しやすいんだよ

台所や風呂などからの排水を処理しないで流している人が約1,000万人もいるのか！

日本にはどんな施設があるの？ ● chapter

図96 汚水処理施設の人口普及率の推移

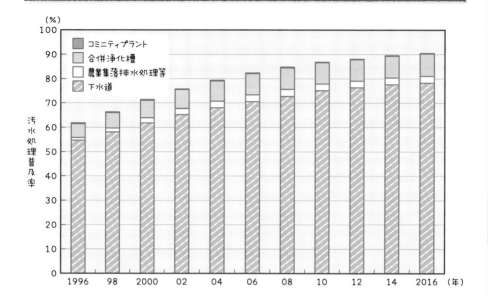

図97 汚水処理人口普及率の高い都府県と低い県

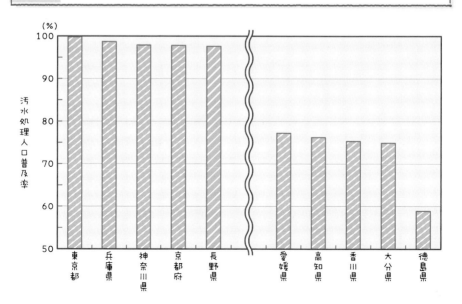

ここも見てね 4 6 9 95

61 火力・原子力発電施設の発電量と再生可能エネルギー利用はどのくらい？

　日本では1986年以降に電力が広く普及しましたが、2011年の東日本大地震以降、42基あった原子力発電施設の安全性への危惧が強まりました(204)。

　なお、資源エネルギー庁によると、2016年度における**一次エネルギー供給量の割合**は、図98のようになっています(205①)。また、2018年2月時点での発電事業者985社の発電所数は4,341で、火力発電が最大出力の63.1%になっています(205②)。

　さらに、資源エネルギー庁の担当部長の講演「再生可能エネルギー政策の現状と課題(205③)」では、エネルギー基本法に基づく長期エネルギー需給見通しの現状と課題解決の方向を示しています。また環境省では、図99に示すような再生可能エネルギーの将来予測をしています(206)。特に、火山地帯等での地熱発電、気候を活かした太陽光発電や風力発電、水資源量を活かした水力発電が期待されています。

　なお、「**日本の一次エネルギー供給**の動きをグラフ化してみる」には、1965年度から2015年度までの各種一次エネルギー総供給量と割合の推移、日本の原油輸入の中東依存度推移等の主要国との比較が示されています(207)。

　また、Sustainable Japanの「日本の電力の供給量割合［最新版］(208①)」では、2016年度までの各発電量の経年変化や原油輸入量と中東依存率の推移、石油価格の経年変化、石炭輸入量の経年変化と輸入国、エネルギー供給量の経年変化と輸入先の推移等が示され、「世界各国の発電供給量割合［最新版］(208②)」には、2015年の各国の発電方法別の供給量割合が示されています。

環境省は、自然エネルギー利用の発電を大幅に増やす計画を発表しているけど、経済産業省は、環境省より少なく、2030年に22～24%になるとしているのよ

自然エネルギー利用の発電を早く増やしてほしいわ！

日本にはどんな施設があるの？ ● chapter

| 図98 | 一次エネルギー供給量割合 |

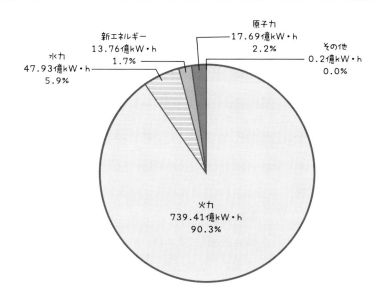

| 図99 | 環境省による自然エネルギー発電割合の中位予測 |

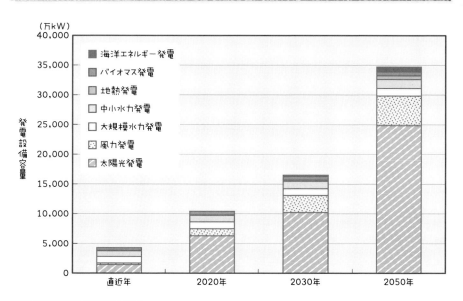

ここも見てね 7 8 9 47

131

62 鉄道距離・道路距離と飛行場の数はどのくらい？

　国土交通省の「鉄道輸送統計調査 結果の概要[209①]」と「鉄道輸送統計年報 平成28年度分[209②]」によると、2015年時点での**鉄・軌道旅客輸送距離**は全国で27,917.8kmであり、そのうちJRが20,133.7kmで約72.1%を占めています。

　また、2015年の鉄・軌道旅客数量は240.0億人、旅客数と旅客距離の積である鉄・軌道旅客輸送人・kmは4,318.0億人・kmで、徐々に増えています。

　一方、「鉄道路線営業キロ数（2013年）」によると、鉄道距離の長い都県と短い県は**図100**のようになっています[210]。また、新幹線、在来線、地下鉄、路面電車、モノレールの合計鉄道輸送距離は27,444kmとされています。

　なお、鉄道輸送距離は、外務省の「世界いろいろ雑学ランキング 鉄道の長い国」によると、2013年時点で、日本はアメリカの228,218kmの1/10以下、世界で11番目の20,140kmとされています[211]。

　一方、**道路の実総延長距離**については、国土交通省の「道路についての質問」に対する回答によると、2015年4月現在、高速道路が約9,266km、一般国道が約66,031km、都道府県道が142,561km、市町村道が約1,058,999kmとなっています[212①]。

　また、国土交通省の空港一覧によると、2015年4月現在の空港の種類と数は、**表20**のようになっています[212②]。

　さらに、航空・空港以外に、19か所の公共用**ヘリポート**と多数の自治体や病院等のヘリポートがあります。

飛行場は、栃木県、群馬県、埼玉県、神奈川県、山梨県、岐阜県、三重県、京都府、奈良県、滋賀県を除く37都道府県にあるんだよ

飛行場にもいろいろな種類があるんだね！

図100 鉄道距離の長い都道県と短い県

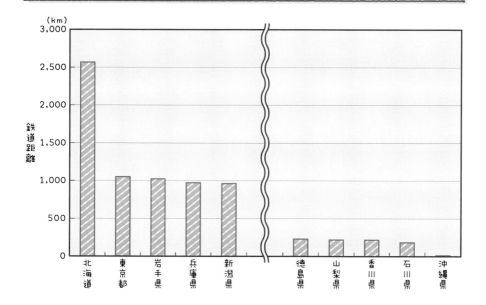

表20 空港の種類と数

拠点空港	国管理空港	19
	特定地方管理空港	5
	会社管理空港	4
地方管理空港		54
自衛隊共用空港		8
その他空港		7

63 公園・遊園地・テーマパークの数はどのくらい？

　国土交通省の「都市公園データベース」によると、**都市公園の数**と面積は図101に示すように推移し、1960年からの55年間で都市公園数は約23.7倍に対して、面積は約8.6倍で、小さな公園が増えたことを示しています[213]。

　このため、**1人当たりの都市公園面積**は、55年間で約4.9倍にしかなっていませんが、自然豊かな地方では、都市公園の必要性が低いことから、この程度の増加でもやむを得ないという意見もあります。

　また、環境省の「環境統計集（平成29年度版）」には、公園を街区公園、近隣公園、地区公園、総合公園、運動公園、広域公園、レクリエーション都市公園、風致公園、動植物公園、歴史公園、墓園、都市緑地等々に分けて、2016年時点での都道府県別・政令市別の数と面積が示されています[214]。なお、公園内に博物館や美術館があることも少なくありません。

　一方、経済産業省の「平成29年特定サービス産業実態調査報告書 公園、**遊園地・テーマパーク編**[215]」によると、2017年時点で公園・遊園地・テーマパークが129か所あり、年間売上額規模が10億円以上のところが35か所、1億円～10億円未満が58か所、3,000万円～1億円未満が22か所、それ以下が14か所あり、それぞれの平均業務従業員数は、22,643人、2,368人、360人、62人となっています。

　また、従業者規模別事業所数は、100人以上が39か所、55人～99人が20か所、30人～49人が22か所、10人～29人が27か所、9人以下が21か所で、1事業所当たりの年間売上高と従業者数は表21に示すようになっています。

公園にもいろいろな種類があるけど、身近な都市公園が最近はあまり増えていないのよ

遊園地やテーマパークにも行きたいけど、平日は近くの都市公園で友達と遊びたいわ！

日本にはどんな施設があるの？ ● chapter

図101 都市公園の数と面積の推移

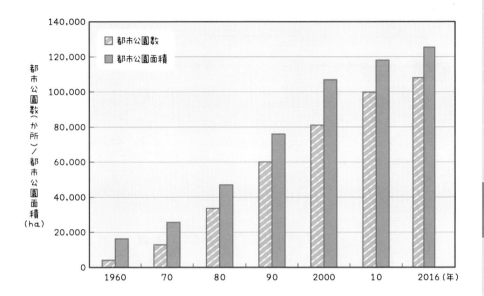

表21 公園・遊園地・テーマパークの年間売上高と従業員数

	1事業所当たり 年間売上高 （億円）	うち、公園・遊園地・ テーマパーク業務 の年間売上高 （億円）	1事業所当たり 従業者数 （人）	うち、公園・遊園地・ テーマパーク業務 の従業者数 （人）
単独事業所 49か所	5.5	3.6	69	53
本社 16か所	396.1	162.0	2,277	1,111
支社 64か所	6.0	4.0	91	79

ここも見てね 7 65

135

64　図書館と書店の数はどのくらい？

　図書館とは、図書や雑誌だけでなく、視聴覚資料、点字資料、録音資料等を収集、保管し、様々な利用者に提供する施設または機関のことであり、図書館利用の広報のための集会や行事の実施と指導等もしています。

　また、日本図書館協会の「日本の図書館統計」によると、図書館は大別して国、地方自治体、あるいは個別の団体や個人が運営する公共図書館と大学、短期大学、高等専門学校などの大学図書館があり、それぞれの数は、2017年時点で、図102に示すようになっています[216]。

　なお、小・中学校や高等学校の図書室は図書館には数えられません。

　また、公共図書館数は1987年の1,743館から2013年の3,248館まで増え続け、2017年には3,292館になり、蔵書数は4億4,282万冊になっています。

　なお、自動車で図書を貸し出す自動車図書館(移動図書館)が541台あり、さらに点字図書館もあります[217]。

　また、大学・短大・高専の図書館の蔵書数は約33.9万冊であり、その大部分で一般の人にも利用できるようになっています。

　一方、図書館の増加や読書離れだけでなく、コンビニエンスストアやインターネットでの書籍等の注文と受け取りなどもあって、**書店数**が減っています。例えば、日本著者販促センターの「書店数の推移」によると、書店数は、図103に示すように減り続け、1999年から2017年までの18年間で約56%にまで減っています[218]。

　なお、本が読める喫茶店など新しい業態の書店の試みもでています。

本を読むと、漢字やことわざなどを覚えるし、想像力も付いて、頭が良くなるだけでなく、感情も豊かになるんだよ

読書をすると、いろいろな見方ができてステキな人になるのね！

| 図102 | 図書館の種類と数 |

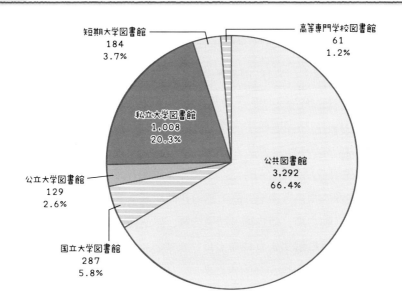

| 図103 | 書店数の推移 |

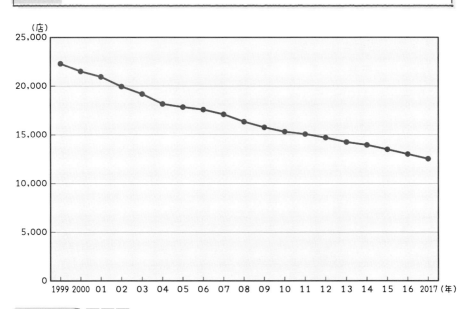

65 博物館・美術館の数はどのくらい？

　文化庁の「博物館の概要」によると、2015年現在、**博物館**には、館長と学芸員がいて、年間150日以上開館する登録博物館が895館、学芸員に相当する職員がいて年間100日以上開館する博物館相当施設が361館あり、このほかに博物館類似施設が4,434館もあります(219)。また、文部科学省の「社会教育調査-平成27年度結果の概要」によると、博物館と博物館類似施設には、総合博物館、科学博物館、歴史博物館、芸術家の作品を展示する**美術**(博物)**館**、野外博物館のほかに、動物園、植物園、動植物園、水族館が含まれ、2016年3月現在の数は、**図104**に示すようになっています(220)。

　また、博物館・美術館が公園内にあることも少なくありません。

　さらに、「都道府県別統計とランキングでみる県民性」の博物館数によると、2018年時点で**図105**の斜線の棒で示すように、北海道、長野県、東京都などが多く、高知県、和歌山県、香川県などが少なくなっています(221)。

　これらを人口10万人当たりでみると、長野県が11.53、島根県が9.28、岐阜県が8.16などが多く、大阪府の0.96、神奈川県の1.24、千葉県の1.36などが少なくなっています。

　また、「都道府県別統計とランキングで見る県民性」の美術館数によると、2018年時点で**図105**に示すように、長野県、東京都、栃木県などが多く、沖縄県、宮崎県などが少なくなっています。これらを人口10万人当たりでみると、長野県の4.92、山梨県の3.33、石川県の3.00などが多く、埼玉県の0.18、大阪府の0.19、沖縄県の0.22などが少なくなっています(222)。

博物館や美術館に行くと、歴史や芸術に関連する本物が見られるのよ

本物を見ると、昔の人のことが分かるし、天才の作品で感動することもできるんだね！

日本にはどんな施設があるの？ ● chapter

| 図104 | 博物館と類似施設の数 |

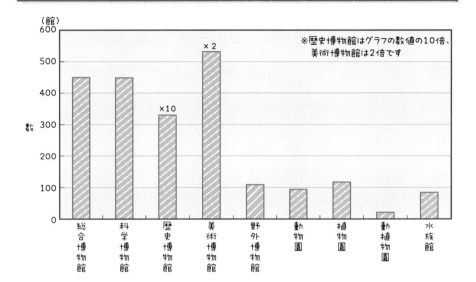

| 図105 | 博物館数の多い都県とその都県の美術館数 |

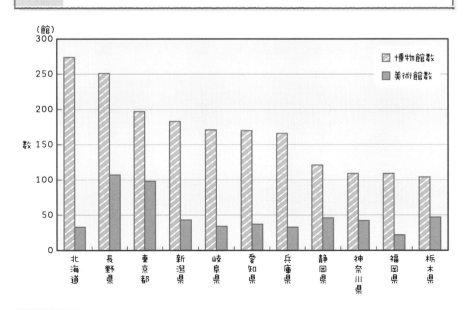

ここも見てね 26 63

66 郵便局・ゆうちょ銀行の数はどのくらい？

　2018年4月末現在の営業中の**直営郵便局**は20,074局、直営分室が12局あり、合計20,086局となっています[223]。

　また、郵政民営化前に郵便局の窓口事務を地方公共団体や組合、個人等に委託していて現在は日本郵便から委託されて業務を行っている「**簡易郵便局**」が3,940局あり、コンビニエンスストアが併設されていることもあります。

　さらに、図106に示したように直営郵便局は、2012年10月時点の20,179局から2018年3月には90局も減り、簡易郵便局は110局も減っています。

　なお、2018年4月末現在で営業中の直営郵便局と簡易郵便局の合計数が多い都道府県と少ない県は、図107のようになっています。

　また、郵便局の中には19道県との包括的連携、1,635市区町村との防災協定、1,529市区町村との見守り協定等を結んだり、地方公共団体の業務委託や各種証明書等の交付、地域特産品の販売支援等々を行っている郵便局もあります[224]。

　一方、郵便局に併設されていることも多いゆうちょ銀行は、2018年度末時点で24,019店あり、主として個人を相手とし、地域の金融窓口と情報伝達場等として重要な役割を果たしています。

　なお、ゆうちょ銀行の預入限度額が2016年4月から増額されました。

　このほか、（株）かんぽ生命保険が日本郵政公社の民営・分社化により誕生し、82支店で営業しています。

小泉元首相の郵政改革もあって、郵便局はずいぶん変わったけど、郵便局は郵便の取扱い以外にも、ゆうちょ銀行とともに、いろいろなことをやっているんだよ

郵便局にあるゆうちょ銀行でお金を出し入れしているお年寄りも多いから、これが減ると不便になるね！

日本にはどんな施設があるの？ ● chapter

図106　2012年10月と比べた郵便局の減少数の推移

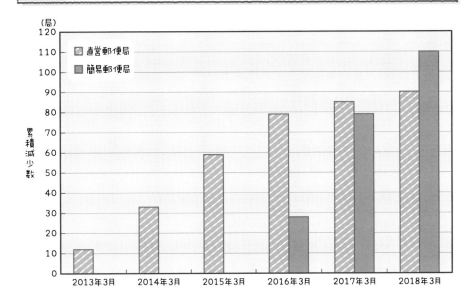

図107　営業中の郵便局が多い都道府県と少ない県

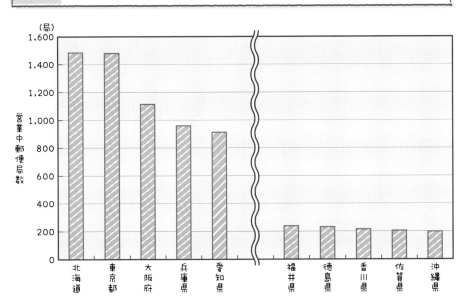

ここも見てね 72 74

141

67 病院・一般診療所と歯科診療所の数はどのくらい？

　厚生労働省の「医療施設調査・病院報告(結果の概要)」によると、2016年時点でベッド数が20床以上の**病院**と19床以下の**診療所**の総数は、178,911施設となっています(225①)。なお、病院の中では、一般病院のほかに、精神科病院が1,062施設、約12.6%あります。また、1996年に比べて病院が1,048施設減って8,442施設になり、**一般診療所**が13,620施設増えて101,529施設、**歯科診療所**も9,583施設増えて68,940施設となっています。

　特に一般病院では、1990年と2016年で、小児科が4,119施設から2,618施設に減少し、産婦人科・産科が2,459施設から1,332施設に減少しています。

　また、一般診療所は有床が7,629施設、無床が93,900施設であり、療養病床がある一般診療所が979施設となっています。

　なお、有床の歯科診療所は27施設しかありません。

　一方、1996年から2016年の**ベッド(病床)数**は、図108のように減少しています。また、歯科診療所の病床数も187床から69床に減少しています。

　厚生労働省の統計表(225②)から**人口10万人当たりの施設数**をみると、1996年の124.5施設から2016年の140.9施設まで増加していますが、病院は7.5施設から6.7施設まで減少し、一般診療所が69.8施設から80.0施設に増加し、歯科診療所が47.2施設から54.3施設に増加しています。

　さらに、人口10万人当たりのベッド数は、表22のように病院、一般診療所とも合計ベット数は減り、病院の療養病床と一般病床は増えています。なお、歯科診療所の人口10万人当たりのベッド数は0.1床でほとんど変わりません。

病院が減って、一般診療所や歯科診療所の施設数は増えているけど、ベッド数は減っているのよ

病院の療養病床や一般病床はすごく増えているのね！

日本にはどんな施設があるの？ chapter

図108　病院・一般診療所のベッド数の推移

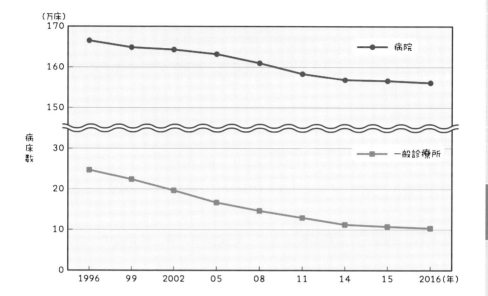

表22　人口10万人当たりのベッド数の変化

	1996年	2016年	2016年の1996年に対する割合（%）
病院合計	1322.6	1229.8	93.0
病院（精神病床）	286.7	263.3	91.8
病院（感染病床）	7.7	1.5	19.5
病院（結核病床）	24.8	4.2	16.9
一般診療所合計	196.1	81.5	41.6
	2002年	2016年	2016年の2002年に対する割合（%）
病院（療養病床）	89.1	258.5	290.1
病院（一般病床）	196.1	702.3	358.1

ここも見てね　13 16 24 25 77

143

68 介護事業所・介護施設の数はどのくらい？

　介護施設には、介護予防サービス事業所、地域密着型介護予防サービス事業所、介護予防支援事業所、居宅サービス事業所、地域密着型サービス事業所、居宅介護支援事業所、介護保険施設の7種類の施設があります。

　これらは、介護の目的や方法、および支える医師と看護師の人数や常駐するか否か等が異なるので、それらを理解して利用することが必要です。

　また、厚生労働省の「平成28年介護サービス施設・事業所調査の概況」によると、2016年の各施設・事業所の数は、図109のようになっています(226)。

　これらの施設・事業所の利用者は、**要支援1、2、要介護1～5**、その他に分けられ、それぞれのうちでランクⅡ以下の**認知症**ありと、ランクⅢ以上に認知症ありの人の割合は、図110のようになっています。

　なお、2016年の介護保険施設の平均定員は、介護老人福祉施設が68.8人、介護老人保健施設が87.1人、介護療養型医療施設が44.8人となっています。

　また、介護老人福祉施設では、個室が73.4%、4人室が17.8%であり、介護老人保健施設では、個室が45.1%、4人室が40.7%、介護療養型医療施設では、個室が21.0%、4人室が51.1%で、大部屋が多くなっています。

　さらに、79歳以下、80歳～84歳、85歳～89歳、90歳以上に分けてみると、介護老人福祉施設では、それぞれ16.4%、18.3%、26.1%、39.0%であるのに対して、介護老人保健施設で18.8%、18.9%、26.8%、35.3%、介護療養型医療施設では、20.6%、18.3%、25.1%、35.7%となっています。

介護施設にはいろいろな種類があって、料金も大きく違うし、認知症も程度によって要介護ランクが違うので、介護施設選びは難しいんだよ

要介護ランクに合う施設が近くにあるか？料金はどうか？を良く調べないと分からないね！

日本にはどんな施設があるの？ ● chapter

図109 介護施設・事業所の種類別の数

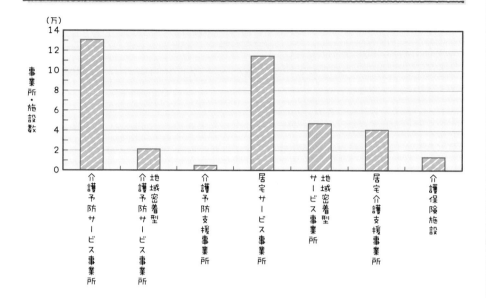

図110 要介護ランクと認知症割合

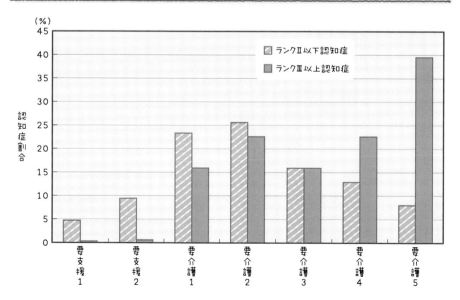

ここも見てね 24 25

145

69 給油所と駐車場の数はどのくらい？

　経済産業省資源エネルギー庁の、平成29年7月4日時点での「揮発油販売業者数及び給油所数の推移」によると、**給油所**の数は図111のように、1994年度末から減少し続け、2016年度末には31,467か所となっています(227)。

　地域別に見ると、1994年に比べて北海道では60.1%、東北6県では55.6%、関東甲信越11都県では49.4%、中部5県では51.8%、近畿7府県では49.5%、中国5県では52.3%、四国4県では54.6%、九州7県では53.1%、沖縄県では76.1%、全国平均で52.1%に減っています。特に、東京都では37.9%に、大阪府では42.0%に、神奈川県では44.1%に、愛知と福岡県では47.2%に減っています。これには自動車の燃費がよくなった影響が大きく、今後も電気自動車の普及に伴ってさらに減る可能性があります。

　一方、国土交通省の「駐車場政策担当者会議」によると、**駐車場**の数は図112のように増え、駐車可能台数は、1958年度の6,049台分から急増し、1970年度には合計駐車場総供用台数が267,296台、1980年度には912,374台、1990年度には1,713,368台、2000年度には3,113,593台、2015年度には4,989,376台に増えています(228)。

　なお、1961年に制定された「自動車の保管場所の確保等に関する法律」によって、自動車の登録には駐車場所の確保が義務づけられています。

　さらに、2輪車を除く**自動車の保有台数**も1958年度の約149万台から急増し、1990年度には約5,776万台、2015度には約7,730万台になっています。

自動車は増えているのに給油所は減る一方で、駐車場は増える一方だったのが、最近は止まってきたのよ

自動車の大幅な燃費改善も一段落したし、路上駐車の取り締まりも当たり前になったからね！

日本にはどんな施設があるの？ ● chapter

図111 給油所（ガソリンスタンド）数の推移

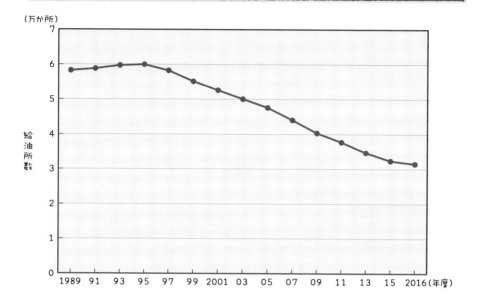

図112 駐車場数の推移

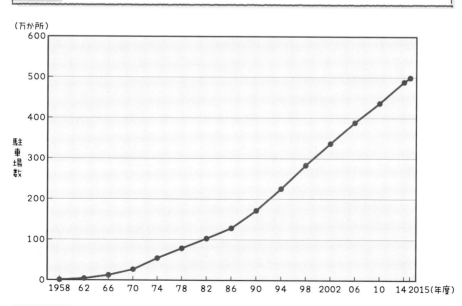

ここも見てね ⇒ 62 89 90

147

70 廃棄物関連施設の数はどのくらい？

　環境省の「環境統計集」には、一般廃棄物（ごみ）の焼却施設整備状況の推移、資源化等の施設の整備状況、粗大ごみ処理施設の整備状況、ごみの最終処分全体容量の推移、処理事業経費の推移とそれらの都道府県別の状況の情報がまとめられ、産業廃棄物についても、処理処分の推移等や一般廃棄物と産業廃棄物の広域移動や資源リサイクルの様々なデータが示されています(229①)。

　また、環境省の「**一般廃棄物**の排出及び処理状況等（平成28年度）について」によると、2016年度の**ごみ排出量**と**ごみ処理施設**の数と処理能力等は**表23**のようになっています(229②)。

　さらに、環境省の「産業廃棄物の排出及び処理状況等について(229③)」を図示した（公財）日本産業廃棄物処理振興センターの「学ぼう！産廃(230①)」では、2008年～2014年の**産業廃棄物排出量**と**再生利用量**、減量化量、最終処分量の経年変化、最終処分場の残余容量と残余年数、産業廃棄物処理施設、処理業、収集運搬業、処分業の許可件数や不法投棄件数と量、**ダイオキシン類の排出量**と排出施設数の経年変化、および図113に示すような2016年時点の中間処理施設の種類別の数と割合や**最終処分場**（埋立地）の種類別の数と割合等を示しています。最終処分場は、安定型が1,120施設、管理型が736施設、遮断型が24施設あるとし、また、最終処分場の種類と構造基準や維持管理基準についても解説されています(230②)。

　なお、廃棄物は資源の無駄使い、動植物の絶滅、海洋汚染等にもつながっていますから、大幅に減らすための努力と工夫が必要です。

産業廃棄物を再利用したり、体積を減らしたり、燃やして熱を利用したりする中間処理施設が約19,000もあるんだよ

産業廃棄物も間接的には僕らが出しているんだよね！

148

表23 一般廃棄物（ごみ）の排出量と処理施設の数と処理能力等

排出量	4,317万t/年	ごみ焼却余熱利用施設数	754施設
1人当たりごみ排出量	925g/年	ごみ焼却総発電能力	1,981MW
リサイクル率	20.3%	ごみ焼却総発電量	8,762GW・h
ごみ焼却施設数	1,120施設		295万世帯年間消費分
合計焼却能力	180,497t/日	焼却灰最終処分（埋立）量	398万t

図113 産業廃棄物中間処理施設の数と割合

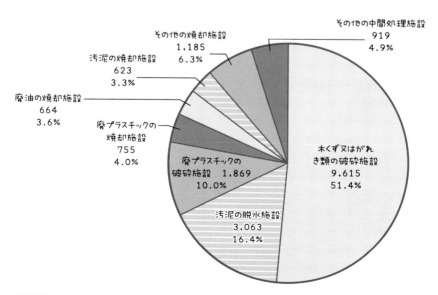

ここも見てね 82 100

149

71 寺院・神社・教会等の数はどのくらい？

　文化庁の「宗教関連統計に関する資料集」によると、**宗教法人数**は1949年から約18.2万でほとんど変化がありませんが、各宗教団体の申告による**信者数**は、**図114**のように推移しているとされています(231①)。また、神社が81,336、寺院が77,392、教会が31,820、布教所等が219,939あり、1953年に比べて神社は約0.5％減、寺院は約4.1％増、教会は約8.0％減、布教所等は約41.0％増とされ、「宗教年鑑平成29年版」によると、2016年時点で境内建物がある宗教法人は、**神道系**が約84,860、**仏教系**が77,168、**キリスト教系**が4,690、**その他諸教**が14,380あるとされています(231②)。

　なお、「都道府県別統計とランキングで見る県民性」では、2016年時点の神社数、寺院数、および教会数が多い都道府県は、**表24**のようになっています(232①～③)。

　また、人口当たりでは、神社数は高知県、福井県、富山県、寺院数は滋賀県、福井県、島根県、教会数は沖縄県、長崎県、鳥取県の順に多くあります。

　また、「日本全国のお寺・神社・教会の数 京都の寺の数が意外1位じゃない」には、2009年時点の神社、寺院、教会が多い都道府県が示されています(233)。さらに、「マスジド（モスク）分布図2015年」によると、イスラム教の**モスク**が85あり、その他諸教の教会や布教所等が約36,000あります(231②)(234)。

　なお、「**世界遺産登録数**ランキング(235)」によると、寺院・神社・教会等が多い世界遺産の数は、2018年時点でイタリア54、中国の53、スペインの47などで、日本は22で、140か国・地域中12位です。

宗教団体の申告信者数の合計が、日本の人口の約2倍にもなっているのは、本人が知らないうちに信者にされているためと考えられるわよ

日本人には、特定の宗教の熱心な信者は少なく、神社にもお寺にも参拝し、葬式やお墓は、お寺に頼む人が多いわね！

図114　各種宗教団体の合計申告信者数の推移

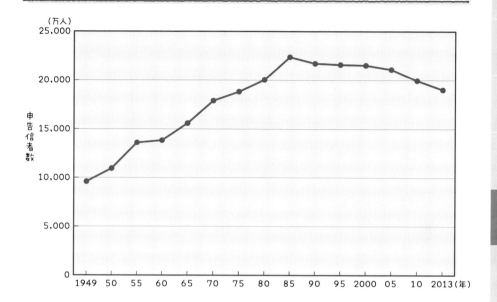

表24　神社、寺院、教会の多い都道府県と数

神社	寺院	教会
新潟県　4,727	愛知県　4,589	東京都　883
兵庫県　3,857	大阪府　3,395	大阪府　469
福岡県　3,419	兵庫県　3,285	神奈川県　447
愛知県　3,358	滋賀県　3,213	北海道　410
岐阜県　3,268	京都府　3,076	兵庫県　380

chapter 6
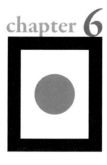
日本にはどんな店があるの？

72 銀行・信用金庫等と消費者金融の数はどのくらい？

　金融庁によると、2018年10月時点での大手**都市銀行**の国内外の店舗と出張所の数は、**図115**のようになっています(236)。また、**信託銀行**が14行、その他の銀行が15行、外国銀行の支店が56行、**地方銀行**が64行、**第二地方銀行**が40行の他に埼玉りそな銀行があります。

　また、会員の出資による営利を目的としない協同組織の地域金融機関を**信用金庫**といい、2018年10月現在で261あります。そのうち、預金額が2兆円を上回る大手信用金庫を大手信金には京都中央信金、城南信金、岡崎信金、埼玉縣信金、多摩信金、尼崎信金、城北信金、京都信金、大阪シティ信金、岐阜信金、大阪信金がこれにあたります。

　さらに、148の信用協同組合と全国信用協同組合連合、32の信用農業協同組合と農林中央金庫、27の信用漁業協同組合、および労働組合・生活協同組合・その他の労働者による組織や団体（共済会や互助会等）で働く人のための金融機関である13の**労働金庫**と労働金庫連合会があります。

　なお、一定地域内の小規模零細事業者や住民を組合員とする地域**信用組合**が149あり、信用農業協同組合連合会が32、信用漁業協同組合連合会が27、医師・歯科医師信用組合が21あり、このほかに、警察、消防、鉄道、県・市職員、商工業等の特定業種の関係者を組合員とする業域信用組合等があります。

　一方、個人対象の**消費者金融業**のうち、大手3社の店舗数は**図116**に示すとおりですが、銀行系、専業会社、クレジットカード系会社もあります。

金融機関もいろいろな種類があって、それぞれ目的が違うはずだけど、実際は重なっていることも多いんだよ

最近は、信用度が高い銀行と金利が高い消費者金融業が提携してるよね！

日本にはどんな店があるの？ ● chapter

図115　大手銀行の店舗数と出張所数

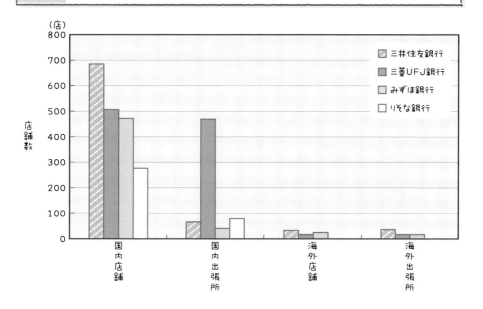

図116　大手消費者金融の店舗数

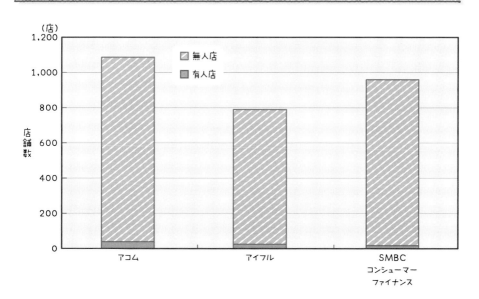

73 卸売店・小売店と不動産店の数はどのくらい？

　経済産業省の「平成28年経済センサス–活動調査」調査の結果によると、2016年の卸・小売業は1,357,030事業所、従業者数12,012,080人、2015年の売上高は約489.7兆円とされています(237①)。

　一方、2016年の事業所数は**卸売業**が364,814店、**小売業**が990,246店、従業者数は卸売業が3,941,646人、小売業が7,654,443人とされ、2012年に比べて事業所数は減っていますが、従業員数は増えています(237②)。

　また、小売店の多くに防犯・監視カメラが設置されています。

　一方、2016年時点での卸売業の事業所数は、産業機械器具卸売業が38,086で10.4%、食料・飲料卸売業が35,672で9.8%、建築資材卸売業が35,029で9.6%、農畜産物・水産物卸売業が33,462で9.2%となっています。

　さらに、2016年時点での小売業の業種別事業所数と割合は、**図117**のようになっています。

　宅地建物取引業者(不動産業者)数は**図118**のように推移し、2016年度には、国土交通大臣免許業者が2431、知事免許業者が120,985あります(238)。

　一方、(一社)不動産協会の「日本の不動産業2017」によると、1970年には宅地建物取引業者数は、63,811業者であったのがその後急増し、1990～1997年頃までは14万業者以上となり、その後は徐々に減少していること、特に、個人業者が減少し続けていることが示されています(239)。

医薬品・化粧品や自動車、婦人・子供服を売る小売店が多いのよ

不動産屋さんは、少しずつ減っているのね！

日本にはどんな店があるの？ ● chapter

図117　小売業の業種別店数と割合

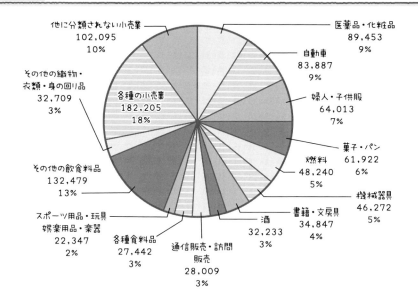

図118　宅地建物取引業者（不動産業者）数の推移

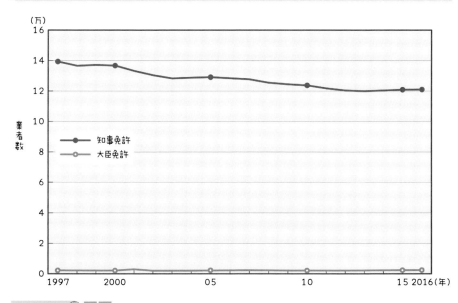

ここも見てね 85 94

157

74 スーパーマーケットとコンビニエンスストアの数はどのくらい？

　「統計・データでみるスーパーマーケット」によると、2018年1月時点の**総合スーパーマーケット**数は1,826で減少傾向、**食品スーパーマーケット**が18,654で増加傾向となっています(240)。

　一方、経済産業省によると、2017年前半に全スーパーマッケットの事業所数は増加し、販売額は減少しているとされています(241)。

　また、都道府県別統計とランキングでみる県民性の「スーパーマーケット店舗数(2014年)」によると、店舗数は図119のようになっています(242)。

　なお、(一社)日本スーパーマーケット協会・オール日本スーパーマーケット協会・(一社)新日本スーパーマーケット協会の「平成29年度スーパーマーケット年次統計調査報告書」によると、2017年時点の285社中、1都道府県のみにある会社が60.4%、10店舗以下の会社が51.9%あるとされています(243)。

　さらに、(一社)日本フランチャイズチェーン協会の統計データには、コンビニエンスストアの全店舗数や来客数、売上高、客単価などが示されています(244①②)。

　都道府県別統計とランキングでみる県民性の「コンビニ店舗数(2017年)(245①)」には大手8チェーンの店舗数、「コンビニ勢力図(245②)」には都道府県別の店舗数上位3チェーン、都道府県データランキングの「コンビニエンスストア(246)」には、図120のように2017年3月末時点の7チェーンのコンビニ店舗数が多い都道府県と少ない県が示されています。

　なお、コンビニには書店の役割を行ったり、ゆうちょ銀行に併設されている店もあります。

スーパーやコンビニは便利だけど、地元の商店が消える理由にもなってるんだよ

コンビニ店数は、人口に関係あるようだなあ！

日本にはどんな店があるの？ chapter

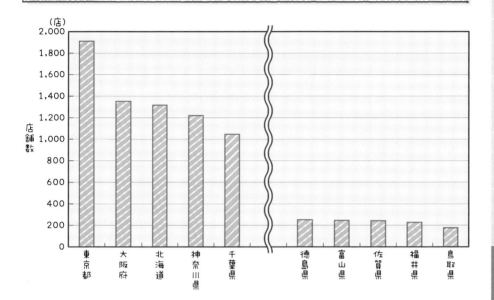

図119 スーパーマーケットの店舗数が多い都道府県と少ない県

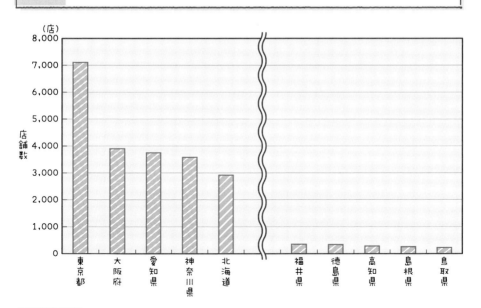

図120 主要7コンビニの店舗数が多い都道府県と少ない県

ここも見てね 64 66 72 86 94

75 ファストフード店と ファミリーレストランの数はどのくらい？

　（一社）日本フードサービス協会の「データからみる外食産業（2017年10月実施）概要(247①)」によると、**ファストフード店**が51社の19,549店あり、**ファミリーレストラン**が50社の9,831店あるとされています。

　また、このファストフード店やファミリーレストランの**前年比店舗数**は、図121のように推移しています。

　また、同協会の「外食産業市場動向調査」によると、ファストフード店やファミリーレストランのうち、洋風店と回転寿司店は、やや減少傾向でしたが、麺類店や和風店、焼き肉店が増え、合計店舗数はほとんど変わらないとされています(247②)。さらに、ラーメン店・すし店等を含む全外食産業の前年比売上金額や前年比顧客数は、1994年から増加傾向が続き、2016年の外食産業の市場規模は25兆4,169億円で、そのうち、給食主体部門が20兆3,519億円（約80.1％）を占めているとされています(247③)。

　なお、（一社）日本フランチャイズチェーン協会の「2016年度JFAフランチャイズチェーン統計調査」報告によると、ファストフード店、レストラン・焼き肉店等の外食産業は、571チェーン、58,696店とされています(248)。

　一方、「ガベージニュース」には、2018年4月時点のファストフード店とファミリーレストランの売上高や店舗数、客数、客単価等が示され、外食産業売上は20ヵ月連続で前年比プラスとされています(249)。

　また、2018年4月時点の持ち帰り米飯店等を含まないファストフード店の種類別の数は、**図122**のようになっているとされています。

ファストフード店の店舗数は毎年少しずつ増え、特に焼き肉店はお年寄りにも人気なのよ

ファミリーレストランも増え続けているかと思ったけど、2006年と2008年〜2011年は減ったのね！

日本にはどんな店があるの？ ● chapter

図121　ファストフード店とファミリーレストランの店舗数の前年比推移

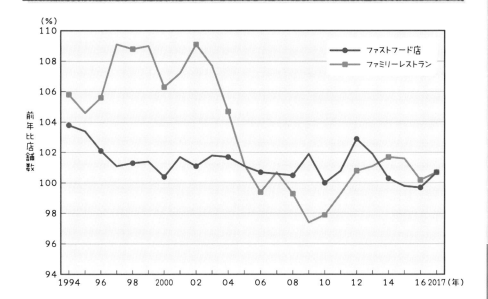

図122　各種ファストフード店の店舗数

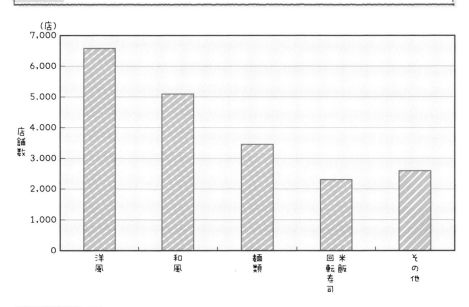

76 ラーメン店・すし店・飲食店・喫茶店の数はどのくらい?

　厚生労働省の「飲食店概要」によると、2014年末現在の飲食店営業許可件数は、1,425,734施設とされていますが(250)、総務省統計局の「よくある質問06A-Q03**飲食店の数**(251)」では、経済産業省の商業統計調査をもとに、2014年7月1日現在の宿泊業・飲食サービス業が728,027事業所としています。この差は、経済産業省の商業統計調査が全体を把握していないためと考えられます。

　また、都道府県格付研究所の「飲食店数ランキング(252)」によると、2011年の飲食業490,207事業所の所在都道府県は、図123のようになっています。

　また、都道府県別統計とランキングでみる県民性の「**ラーメン店舗数**(2017年)(253①)」と「**すし店店舗数**(2014年)(253②)」によると、ラーメン店とすし店の多い都道県と少ない県は、図124のようになっています。

　なお、「すし店数の都道府県ランキング(平成26年)(254)」でも同様の数値を示し、さらに、「回転寿司チェーン売上ランキング(255)」では、大手回転寿司チェーンの店舗数や総売上高等を示しています。

　さらに、ガベージニュース(249)には、2018年4月時点のファストフード店とファミリーレストラン、パブ、ビヤホール、**居酒屋**等の飲酒店1,000店、喫茶店2,239店の売上高や店舗数、客数、客単価等が示されています。

　また、都道府県別や駅別に居酒屋を検索できるようにしたり(256)、都道府県別や主要店名等で**カフェ**と**喫茶店**を検索できるウェブサイトもあります(257)。

> ラーメン店の数は、人口が多い東京都や神奈川県のほかに、札幌ラーメンが有名な北海道や博多ラーメンが有名な福岡県に多いんだよ

> すし店は、人口の多いところに多いのね!

162

日本にはどんな店があるの？ ● chapter

図123 飲食店の多いと都道府県と少ない県

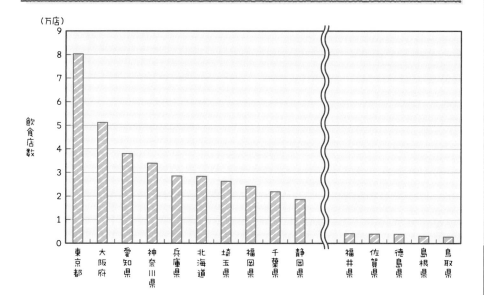

図124 ラーメン店とすし店が多い都道県と少ない県

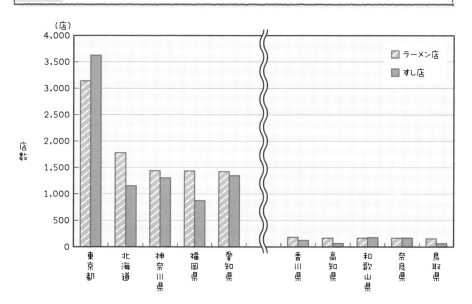

77 薬局・ドラッグストアとホームセンターの数はどのくらい?

　2016年度末の全国の**薬局数**は58,678あり、そこで多くの薬剤師が働いています(258)。また、都道府県別薬局数は東京都の6,604、大阪府の4,046、神奈川県の3,825、愛知県の3,278等であり、少ないのは鳥取県の273、福井県の286、島根県の325等となっています。

　一方、「ドラッグストア売上高ランキング(2017年版)(259)」によると、全国の**ドラッグストア店舗数**は2004年の14,130店から2016年には18,874店に増えましたが、企業数は668から417に減っています。また、店舗数ベスト10は、**図125**に示すとおりで、10社で店舗数の54%、売上高の63%を占めています。

　一方、「ホームセンター名鑑2017」には、全国の**ホームセンター数**は4,273店で、家具・ホームファニシング販売店が745店、建材工具等の販売店が1,446店、ディスカウントストアが1,126店あることのほか、1店舗当たりの売場面積、年商、1坪当たりの年商等も示されています(260)。

　狭いマンションや親の持ち家で同居して暮らしている人が多くなっていることもあって、家具が売れなくなり、ホームセンターは、業者数も店舗数も減少していますが、プライベートブランド(PB)商品やインターネット販売等で売上高を維持しています。なお、「ホームセンター小売市場(261)」によると、2017年度の売上高は3兆9,980億円になっています。

　また、「**ホームセンター業界売上高**ランキング(平成27-28年)(262)」によると、上位10社の2015〜2016年の売上高は、**図126**のようになっています。

薬局数の約32%がドラッグストアで、ドラッグストアの10チェーン店でドラッグストア売上げの6割以上を占めているのよ

薬屋さんもチエーン化されてきたんだ!

| 図125 | ドラッグストア店舗数ベスト10 |

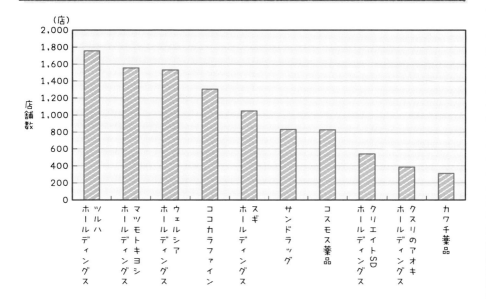

| 図126 | ホームセンターの売上高ベスト10 |

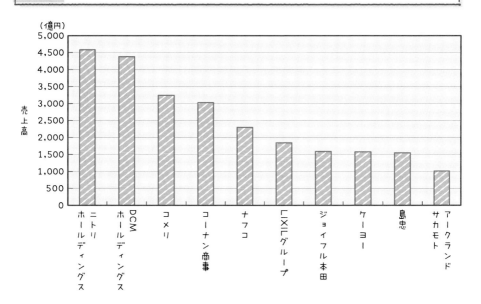

78　家電量販店と100円ショップの数はどのくらい？

　経済産業省によると、2015年6月時点の小売業のうちの家電大型専門店の店舗数は2,412、月間商品販売額は3,252億円とされています[263]。

　また、しんま13、マックで働くフリーターの備忘録、「**家電量販店チェーン店舗数**ランキングベスト10［2019年度版］」によると、店舗数は、エディオンが1,152店、ヤマダ電機が745店、ケーズデンキが500店、ベスト電器が307店、ジョーシンが227店、ノジマが182店等となっています[264]。

　さらに、「お役立ちなんでも情報局の家電量販店の店舗数や**売上高ランキング！違いも簡単に比較！**」の「2017年5月18日情報、および激安！元家電量販店販売員が語る業界裏事情！　最新版！　2017年家電量販店売上高ランキング！」によると、主要企業の店舗数と売上高は、**図127**のようになっています[265][266]。

　一方、「**100円ショップチェーン店舗数**ランキングベスト10[267]」によると、2017年8月時点の100円ショップの店舗数は、**図128**のようになっています。

　この店舗数は、2012年12月時点に比べて、ダイソーが4.9％減、セリアが6.2％減、キャンドゥが8.5％減、ローソン100が4.2％減、ミーツとワッツが合わせて3.9％減、シルクが22.7％減等であり、全体に減少傾向にあります。

　なお、ダイソーは海外に1,800店以上を展開、セリアは女性向け商品を充実、キャンドゥはインスタグラムを活用等、個性化を図っています。

　また、「**日本全国百円ショップマップ、店舗検索**[268]」では、8,245店の100円ショップの所在地を、都道府県や最寄駅等から検索できます。

> 量販店でない電器店は、大部分がメーカーの販売店であり、据え付け・修理・引き取りもする店が多いけど、最近は、家電量販店も同じようなサービスをするようになってきたんだよ

> 家電量販店も100円ショップも競争が大変そうだね！

日本にはどんな店があるの？ ● chapter

図127　家電量販企業の店舗数と売上高ベスト10

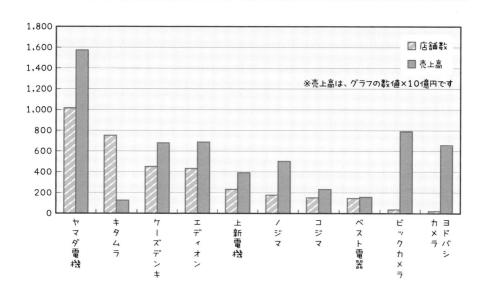

図128　100円ショップの店舗数ベスト10

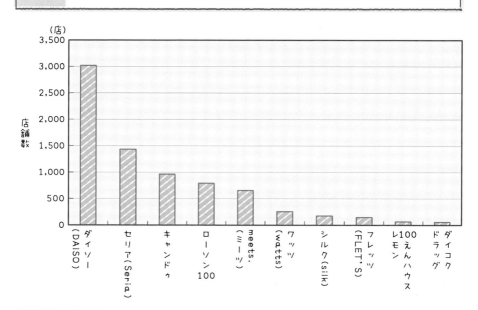

79 カラオケ店とパチンコ店・パチスロ店の数はどのくらい？

　2015年の**カラオケの台数**と市場規模は、酒場が約15.8万台で1,730億円、カラオケボックスが約13.4万台で3,994億円、旅館・ホテルが約1.6万台で52億円、食堂・結婚式場・観光バス・その他が約8.1万台で389億円、合計約39.0万台で6,165億円とされています(269①)。

　なお、**カラオケルーム数**と参加者数は**図129**のように推移し、**カラオケ参加人口**は1995年には5,850万人でしたが、2007年以降は4,700万人台～4,800万人台になっています(269②)。

　一方、「パチンコホール店舗数推移(270)」によると、**パチンコ店**と**パチスロ専門店**の数は、**図130**のように推移しています。

　また、カラオケ業やパチンコ・パチスロ業は、サービス業に分類されますが、(一社)日本遊技関連事業協会(271)によると、2013年にはパチンコ営業所数は11,893店であったのが、2017年には10,596店に減り、遊技機の設置台数も2013年の4,611,714台から、2017年の4,436,841台に減っています。

　なお、新しい特定複合観光施設区域の整備の推進に関する法律(通称：IR推進法)によって、今後どのようになるかが注目されます。

カラオケ施設数は2000年以降あまり減っていないけど、パチンコ店は減り続けているのよ

パチスロ専門店は2006年まで増えたけど、その後は減って、パチンコ店の1割程度になっているんだね！

日本にはどんな店があるの？ ● chapter

図129 カラオケルーム数と参加者数の推移

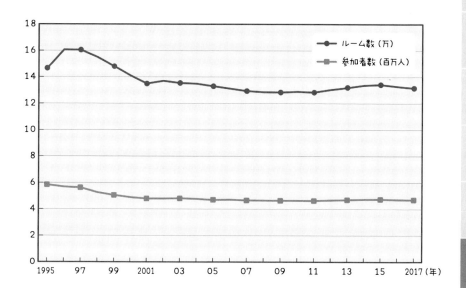

図130 パチンコ店とパチスロ専門店の数の推移

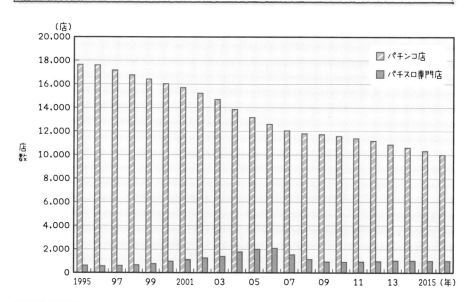

ここも見てね 20

80 フィットネスクラブ・スポーツクラブの数はどのくらい？

　会員の健康維持や健康づくりのための運動施設で専門指導員がいる民営のスポーツクラブをフィットネスクラブといい、特定のスポーツを指導するクラブはスポーツクラブといいます。

　また、フィットネスクラブ・スポーツクラブは、サービス業に分類されますが、経済産業省の「特定サービス産業動態統計調査、18.フィットネスクラブ」によると、2017年12月の**フィットネスクラブ数は1,330、会員数は3,363,671人**とされています[272]。

　さらに、「フィットネスクラブ業界の市場規模と推移動向・将来性」によると、2014年の国内売上高は、コナミ、セントラルスポーツ、ルネサンス、ティップネス、コシダカホールディングスの順で、これら5社で約47％を占めているとされ、利用者の年齢層は、**図131**のように推移しています[273]。

　一方、「**スポーツクラブ数（2014年）**」によると、2014年時点でのフィットネスクラブは4,902か所で、多い都府県は東京都の704か所、神奈川県の341か所、愛知県の338か所、大阪府の318か所等であり、少ない県は、島根県の20か所、鳥取県と岩手県の22か所、和歌山県の23か所となっています[274]。

　また、2014年時点で**人口10万人当たりのスポーツクラブ数**が多い都県と少ない県は、**図132**のようになっています。

　なお、2015年の日本のフィットネスクラブ数は4,661か所であるのに対し、アメリカには36,180か所、イギリスは6,312か所あるとされています[275]。

フィットネスクラブの利用者も高齢化しているんだよ

自然豊かな県でもスポーツクラブが意外と多いね！

日本にはどんな店があるの？ chapter

図131　フィットネスクラブ利用者年齢層の推移

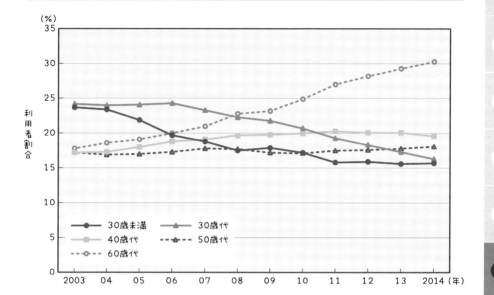

図132　10万人当たりのスポーツクラブの多い都県と少ない県

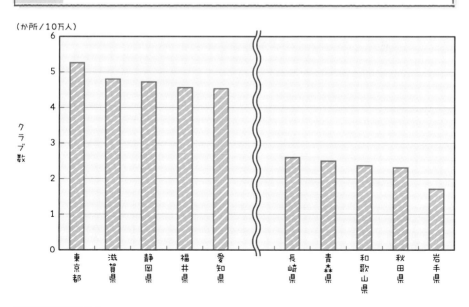

81 マッサージ・指圧・はり・きゅう等施術所の数はどのくらい？

　厚生労働省の「平成28年衛生行政報告例(就業医療関係者)の概況(276)」の3 就業、**あん摩・マッサージ・指圧師・はり師・きゅう師・柔道整復師**、および**施術所**によると、2006年～2016年の各施術所数の推移は**図133**に示すようであり、はり・きゅう施術所や柔道整復施術所が増えているとされています。

　また、**療術師数**が増え続け、2006年、2012年、2016年のあん摩・マッサージ・指圧師、はり師、きゅう師、柔道整復師の人数は、**図134**のようにいずれも増加し、2016年には過去最高人数となっています。特に、柔道整復師は、1992年に比べて2016年には約2.9倍、はり師やきゅう師は約1.9倍に増えたとされています。

　これらの**療術師**には**国家試験資格**が必要ですが、カイロプラクティック(整体)やリフレクソロジー（足裏マッサージ)等には国家資格が不要で、訓練さえ受ければ誰でもできることになっており、療術師とその他との境界が曖昧になっています。

　なお、(独)国民生活センターの「手技による医業類似行為の危害 - 整体、カイロプラクティック、マッサージ等で重症事例も(277)」によると、2007年～2011年の5年間で825件の危害相談があり、主な事例と問題点、消費者へのアドバイス、関係機関への要望、行政への要望等が示されています。

　なお、同センターに報告されていない事例も多くあると考えられることから、あん摩・マッサージ・指圧師・はり師・きゅう師等の選択には、施術を受けた経験者からの評判を聞く等、慎重にすることが必要です。

働く人の年齢が高くなったこともあり、体のケアをする人が増え、施術所も増えているのよ

柔道整復施術所が一番増えているとは思わなかったわ！

日本にはどんな店があるの？ chapter

図133 施術所数の推移

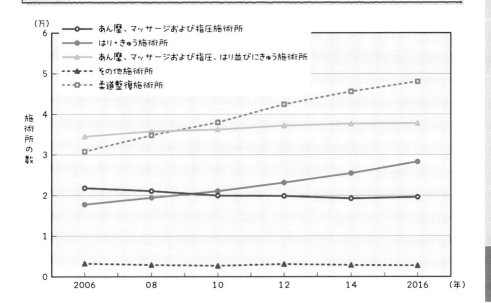

図134 療術師数の変化

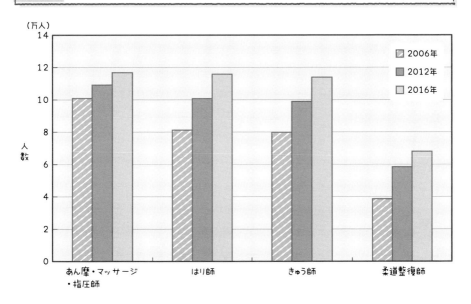

ここも見てね 20

82 リユース・リサイクル店の数はどのくらい？

　経済産業省では、**3R**(リデュース、リユース、リサイクル)政策および家電リサイクル法(特定家庭用機器再商品化法)と自動車リサイクル法についての各種情報を提供しています(278)。また、環境省では、環型社会形成推進基本法に基づく基本計画とその点検結果等を循環型社会白書にまとめています(279)。

　さらに、経済産業省によると、2017年の**リユース市場**の全体像は、**図135**のように、ネット販売額の合計が対面販売額の約1.9倍になっています(280)。

　このほかに、自動車・バイク・原付バイクの中古販売が約2兆円あり、フリーマーケットやバザー、自治体のリユースコーナー等もあります。

　(一社)日本リユース業協会の「リユースの今」によると、2016年6月末現在の同協会加入**リユース店**数は4,887店、従業員数は45,894人とされ、1年間に不要となった本、衣類、ブランド品、パソコンの数と販売方法の割合は、**図136**のようになっています(281)。

　一方、(一社)ジャパン リサイクルアソシエーションでは、廃棄物リサイクル関係の法律や規則と運用、商品の安全対策等の解説等を行っています(282)。

　また、**中古・リユースビジネス**に関する総合ニュースサイトの「リサイクル通信」では、1ヵ月に2回、商品別や市場動向、行政・団体の動きについてのニュース、および全国7ブロックと海外に分けた古物市場情報を提供しています(283)。

中古品もいろいろな方法で売られ、最近はフリマアプリなどのネット販売も増えているんだよ

中古でも良いものがあるし、消費者も中古品に抵抗がなくなっているわね

日本にはどんな店があるの？ ● chapter

図135　リユース品の販売方法別の販売額

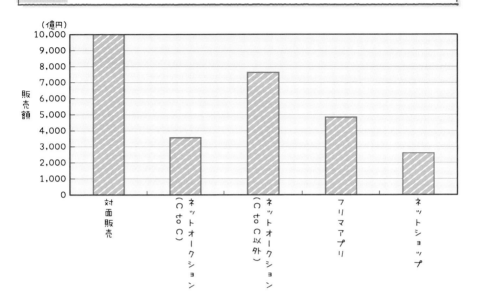

図136　代表的中古品の数と販売方法の割合

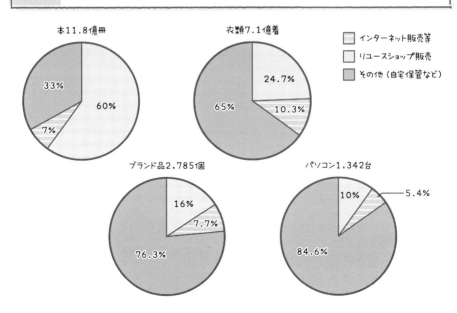

83 結婚相談所の数はどのくらい？

　日本結婚相談所連盟の「**結婚相談所を探す**」では、2018年6月現在、59,173名の登録会員に対して、全国1,771社の加盟結婚相談所の仲人や結婚カウンセラーが全都道府県や海外で相談した後、独身証明書等の各種証明書類の提出によって、安心できる成婚を支援しています[284]。

　また、希望の条件や全国7地域等の諸条件で絞り込み、相談所の名前と住所、電話番号や特徴、カウンセラーの紹介等の情報提供、およびオススメ相談所の紹介等を行っています。

　この結婚相談所を通じて結婚した件数は、**図137**のように増加し、婚姻率の低下防止に役立っています。

　また、47都道府県の**婚活体験談・結婚支援サービス**の紹介とリンクサイト[285]に加えて、932市区町村の結婚支援の紹介[286]もあり、2017年8月までに延べ376,000人が参加し、6,177組以上が結婚したとされています。

　一方最近は、インターネットで自己紹介と相手に対する条件等を登録しておき、独身証明書、収入証明書、学歴証明書等を提出した約4.8万人の登録者の中から、結婚してもよいかもと思う人を選んで、インターネットで情報交換し、その後に会って結婚するか否かを決める方法で、**図138**に示す人数が成婚したという例があります[287]。

　また、男性の医師・歯科医師に限った結婚相談所等もあります[288]。

　なお、井出仁氏は「**婚活ビジネスの市場規模・動向と戦略づくり＋集客のヒント**[289]」で、婚活ビジネスの現状と将来予測等について解説しています。

1人暮らしは気楽だけど、家族で成長することも多いというし、独りで死んでいくのは寂しいわ

男女交際の機会が少ない人も多いから、婚活ビジネスも重要だよね！

日本にはどんな店があるの？ ● chapter

| 図137 | 結婚相談所を通じてお見合い結婚した人数の推移 |

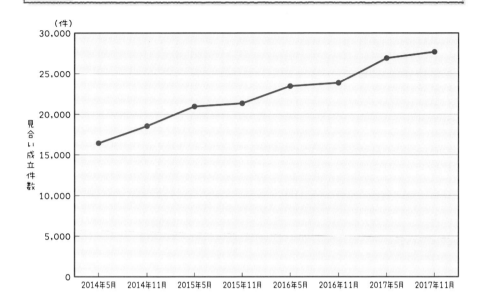

| 図138 | インターネット登録を利用した成婚数の変化例 |

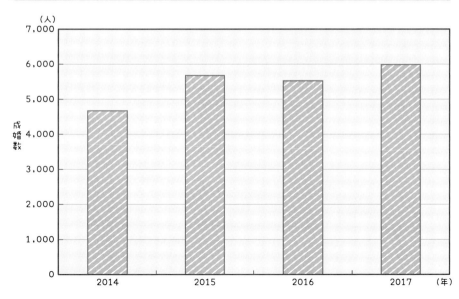

84 葬儀社と墓地の数はどのくらい？

　経済産業省の「特定サービス産業動態統計調査、15. 葬儀業」によると、2017年の取扱件数は約43.4万件、従業者数は約25,479人、売上高は6,109億2,200万円であるとされています(290)。

　一方、全日本葬祭業協同組合連合会(291)によると、59協同組合の1,337**葬儀社**が連合会に加盟し、遺体を輸送する車の手配や斎場での業務をしています。

　なお、2017年の葬儀社の正確な数は不明ですが、4千～5千社で、互助会系が約40％、専門業者が約30％、農協が約15％、その他が約15％で、従業員総数は約83,000人、そのうち常用雇用者は約56,000人と推計されています(292)。

　さらに、井出仁氏の「葬儀市場の市場規模と動向をマーケティング的に市場調査」では、寺院関係費用、飲食関係費用、合計葬儀費用を推計しています(293)。

　また、業界動向SEARCH.COMの「葬儀業界」によると、葬儀業界の規模は毎年増加し、2015-2016年には主要7社の売上高が611億円で、燦HDが185億円、ティアが102億円、平成レイサービスが80億円、東京博善が78億円、サン・ライフが77億円等となっています(294)。

　一方、2017年度末時点で地方公共団体の墓地が30,623、公益社団法人・財団法人の墓地が584、寺院を主とする宗教法人等の墓地が58,056、個人墓地が702,214、その他の墓地が78,191とされ、墓地数の多い県と少ない県は**表25**、指定都市・中核市は**表26**に示すようになっています(295)。

　なお、犬や猫などのペット専用の葬儀社や墓地もあります。

墓地数の多い県や市の隣の県や市では
墓地が少ないこともあるんだよ

墓地の数と人口とは
関係ないんだね

日本にはどんな店があるの？ ● chapter

表25　墓地数の多い県と少ない県

墓地の多い県		墓地の少ない県	
岡山県	107,569	山梨県	2,571
島根県	97,239	宮城県	2,309
長野県	83,984	福井県	2,156
広島県	68,657	北海道	2,016
群馬県	44,250	大分県	333

表26　墓地数の多い指定都市・中核市と少ない指定都市・中核市

墓地の多い指定都市・中核市		墓地の少ない指定都市・中核市	
長野市	9,911	佐世保市	113
岡山市	8,214	奈良市	92
福山市	8,212	東大阪市	90
久留米市	7,651	函館市	83
広島市	7,322	盛岡市	79
高崎市	7,255	札幌市	45
相模原市	4,935	旭川市	22
豊田市	3,628	西宮市	6

ここも見てね ◎ 71 99

chapter 7

日本人の日常生活はどうなっているの？

86 自動販売機の台数はどのくらい？

　（一社）日本自動販売システム機械工業会の「インフォメーション館」によると、2005年からの**自動販売機の普及台数**は、図140のように減少傾向で、2005年の約5,582,7000台から、2017年の4,271,400台に減っています[302]。

　この減少の原因としては、近年増加しているコンビニエンスストアで購入していること、ペットボトルや蓋付きの缶の普及によって一度に飲み切らなくなったこと、自動販売機は定価販売で高いこと、消費税の導入で毎回値上げして消費者に敬遠されてきたこと、小型コーヒーサーバーが事業所や家庭で使われだしたこと等が考えられています。

　また、2016年12月末現在の自動販売機の販売商品別の台数と販売額は、**表28**のようになっています。

　清涼飲料やコーヒー・ココア、牛乳、酒・ビール等の飲料用が大部分ですが、インスタント麺・冷凍食品・アイスクリーム・菓子等の食品用、たばこ用、乗車券用、食券・入場券用、プリペイドカード用、新聞・衛生用品・玩具等用があるほか、自動サービス機である両替機が61,000台、駐車場やホテル等の自動精算機が21,800台、コインロッカーや各種貸出機等が1,210,000台あるとされていますが、全体に減少傾向です。

　なお、2016年の自動販売機で多く販売されている**飲料用缶の数と重量**は、スチール缶が約77億缶、46.3億t、アルミ缶が約224億缶、34.1万t、ペットボトルが59.6万t、1本が平均24gとすると約248万本であり、それぞれのリサイクル率は、93.9％、92.4％、83.9％（重量）となっています。

自動販売機の台数は減り続け、2017年には特に減ったんだよ

自動販売機で買うと割高だし、マイボトル持参もかっこいいわよね！

図140　自動販売機の普及台数の推移

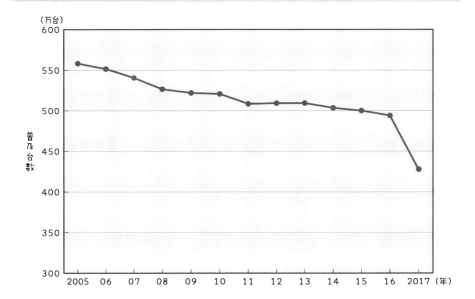

表28　自動販売機の販売商品別の台数と販売額

販売商品	台数（千台）	販売額（億円）
清涼飲料	2133.0	17,405
プリペイドカード	722.3	4,180
たばこ	193.3	2,094
カップ式コーヒー・ココア	169.0	13,790
牛乳	148.0	1,206
新聞・衛生用品・玩具等	138.8	528
インスタント麺・冷凍食品・アイスクリーム・菓子等	69.4	541
食券・入場券	35.4	4,110
酒・ビール	24.6	1,379
乗車券	14.8	14,158

88 海外旅行者と国内旅行者の人数はどのくらい?

　観光庁の「平成30年版観光白書」によると、日本人の**海外旅行者数**は、2004年から約1,700万人前後で、2017年には1,789万人とされています(161①)。

　なお、2016年の訪問先は、アメリカが約357.7万人、中国が約258.7万人、韓国が約229.8万人、台湾が約184.1万人、タイが約144.0万人、シンガポールが約78.4万人、ベトナムが約74.1万人、香港が約69.3万人、インドネシアが約59.5万人、ドイツが約54.5万人等とされています(305)。

　また、出国日本人の数の変化は**図143**に示すようになっています(306)。

　さらに、2017年の**国内宿泊旅行延べ人数**は、3億2,333万人、**日帰り旅行延べ人数**は3億2,418万人、合計6億4,751万人とされています(161①)。

　さらに、2017年の1人当たりの宿泊旅行回数は平均1.41回、宿泊数は2.30泊、**旅行消費額**は宿泊旅行で16.1兆円、日帰り旅行で5.0兆円とされています。

　一方、世界の観光客数は1998年の6.1億人から増え続け、2017年には13.2億人となっています(161①)。また、2016年の各国の**外国人旅行者の受入数**は、フランスが1位で8,260万人、アメリカが7,747万人、スペインが7,556万人、中国が5,927万人等で、日本は16位の2,404万人となっていますが、2017年には2,869万人に増えています。

　なお、2016年の各国の**観光収入**は**図144**のようになっています。

日本に旅行に来る外国人は図72に示したように、ほとんどはアジア人なので、政府は世界中からの観光客を増やすようにする方針だよ

もっとアメリカやヨーロッパからも来るようにしたいね!

日本人の日常生活はどうなっているの？ chapter

図143　出国日本人の数の推移

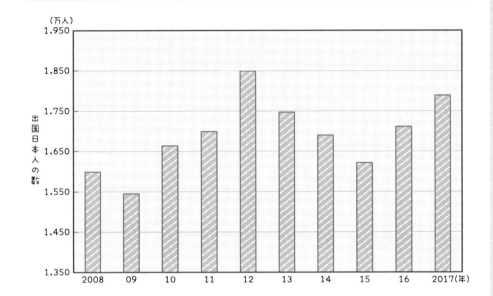

図144　各国の観光収入と日本の観光収入

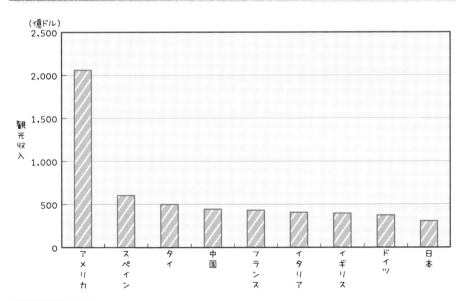

89 バス・タクシー・ハイヤーの台数と利用者の人数はどのくらい？

　（公社）日本バス協会の「2016年版日本のバス事業」、および「平成29年版日本のバス事業と日本バス協会の概要」によると、2016年の**バス輸送**(利用者)**人数**は、45億8,300人で、陸上輸送人数の15.0％とされています(307①②)。

　また、国土交通省の資料によると、1968年に100億人以上を輸送していましたが、2009年以降は42億人弱になっていること、高速バスのネットワークが整備されていることや安全対策の課題と道路に関する提案を示しています(308)。

　さらに、国土交通省の自動車関係情報データによると、**バス事業者数**は図145のように推移していますが、2015年度時点で約2/3は赤字とされています(309)。

　なお、**バス保有台数**が１台の事業者が824事業者中47事業者もあります。

　一方、（一社）全国ハイヤー・タクシー連合会の統計調査によると、**法人タクシー事業者数**と**車両数**は、**図146**に示すように推移しています(310)。

　また、**個人タクシー**は、1989年には47,221台あったものが、2017年３月末には35,150台に減っています。さらに、タクシーの輸送人員(利用者人数)は、自家用乗用車保有台数の増加もあり、1970年の約42.9億人から減少し、2016年には約14.5億人に減っています。

　なお、身体障害者、要介護者等のための福祉輸送限定事業者による福祉輸送限定車両が、2017年３月時点で10,455事業者の13,406台になっています。

中部、近畿、中国地方のバス事業者数がほとんど同じで、人口には比例していないのよ

法人タクシーも個人タクシーも少しずつ減っているわね！

日本人の日常生活はどうなっているの？ chapter

| 図145 | 地域別バス事業者数の推移 |

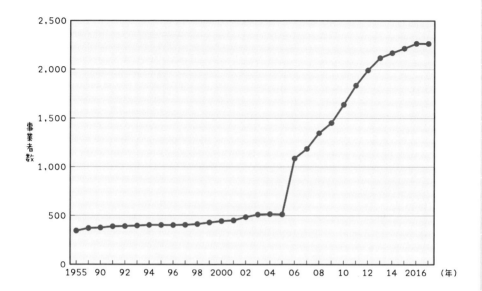

| 図146 | タクシー事業者数と車両数の推移 |

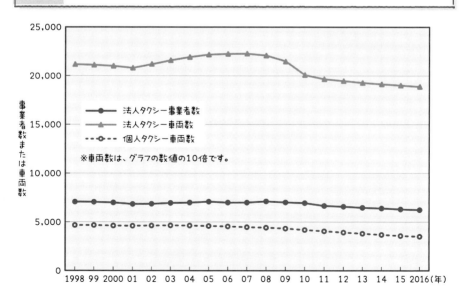

ここも見てね 69 90

90 乗用車と自転車の保有台数はどのくらい？

　政府統計の総合窓口および総務省によると、2014年時点で２人以上世帯の自動車普及率は84.8%で、1,000世帯当たり1,377台所有しているとされました(311)(312)。

　なお、図147に示すように、1990年頃から２人以上世帯の**乗用車保有率**が約80%となり、タクシー・ハイヤーの台数と利用者が減少傾向となり、全国的には交通事故による死者数も減っています(313)。

　なお、**オートバイ・スクーターの世帯普及率**は、1959年の8.4%から1966年の30.1%まで増加して以降は減少し、2014年は13.5%と推計されています。

　一方、国土交通省の「自転車交通(314)」の第２章には、2013年の**自転車の保有台数**が示され、また、(一財)自転車産業振興協会の統計「**自転車生産動態・輸出入**(315)」によると、2017年には、生産が約89.1万台、輸入が約677.8万台、輸出が約316.2万台になっています。

　さらに、社会実情データ図録の「乗用車・バイク・自転車の世帯普及率の推移(316①)」によると、図147に示したように、1995年には乗用車の世帯普及率が自転車の普及率を越えたとされています。また、「自転車普及台数の国際比較(316②)」によると、**人口100人当たりの自転車保有台数**は、オランダが109台(2008年)、ドイツが85台(2008年)、デンマークが78台(2001年)、ノルウェーが69台(1995年)、スウェーデン(1995年)と日本(2008年)が68台とされています。

　なお、**放置自転車**台数は、図148のように変化したとされています(304)。

電気冷蔵庫、電気洗濯機、電気掃除機、電子レンジの世帯保有率は100%近くだけど、乗用車の世帯保有率は最近は少し下がっているんだよ

放置自転車は減っていても、まだ年間約10万台もあるんだ！

日本人の日常生活はどうなっているの？ ● chapter

> **図147** 乗用車と自転車の世帯普及率の推移

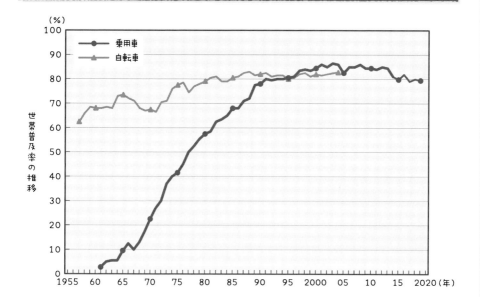

> **図148** 放置自転車台数の推移

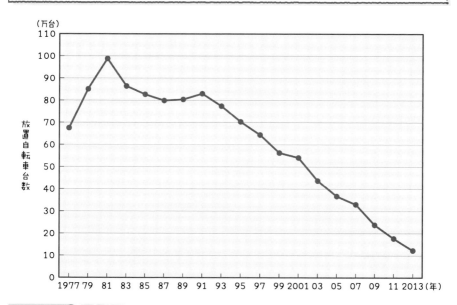

ここも見てね 17 69 89

193

91 カラーテレビと パソコンの保有台数はどのくらい？

　政府統計の総合窓口によると、**カラーテレビの保有率**は1966年に0.3%であったものが、2017年3月時点の2人以上世帯では、96.7%となっています(311)。

　なお、総務省によると、2014年時点のカラーテレビ普及率は、単身世帯で93.4%、2人以上世帯で98.4%、1,000所帯当たり2,162台所有していたとされています(312)。

　さらに、ガベージニュースによると、2人以上の世帯と単身世帯のカラーテレビの普及率の変化は、**図149**のように推移しています(317)。

　なお、社会実情データ図録にもカラーテレビの普及率の変化が示されています(313)。

　一方、政府統計の総合窓口の「消費動向調査(平成29年3月調査)」によると、**2017年のパソコン普及率**は2人以上世帯で76.7%、単身世帯で44.7%となっています(311)。

　また、「パソコンとインターネットの普及率の推移(318)」によると、パソコンの世帯普及率とインターネット世帯利用率は、**図150**に示すように推移しています。

　さらに、総務省の「平成29年版情報通信白書」によると、2016年時点でのパソコンの世帯保有率は73.0%となっています(319①②)。

単身世帯では、カラーテレビのない世帯が8%くらいあるわよ

テレビがない生活も悪くないかもね！

日本人の日常生活はどうなっているの？ chapter

図149　カラーテレビ世帯普及率の推移

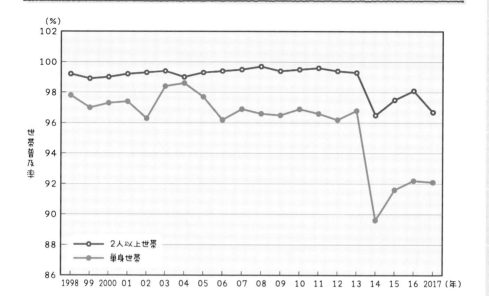

図150　パソコンとインターネットの世帯普及率の推移

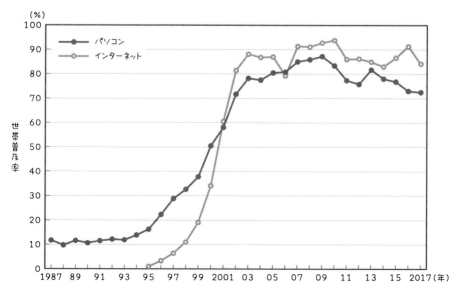

92　スマートフォンの普及率はどのくらい？

　総務省の情報通信白書平成30年版によると、携帯電話と**スマートフォン（スマホ）の世帯普及率の変化**は、図151に示すように推移しています(311)。

　なおスマホは、パソコンより約10年遅れて普及し、2017年3月現在、2人以上世帯では100世帯当たり148.8、単身世帯では100世帯当たり43.9とされ、インターネットやYouTubeの利用につながりました。

　また、総務省の「平成29年版情報通信白書」によると、スマホの個人普及率が2016年には71.8％、13歳～19歳で81.4％、20歳代では94.2％になっています(320)。

　さらに、「世界の携帯電話契約数ランキング」によると、2016年には中国が約13.64億台、インドが約11.27億台、アメリカが約3.87億台等であり、日本は194か国・地域中7位の約1.66億台となっています(321)。

　なお、2015年の文部科学省の調査で、図152に示すようにスマホを使う時間が長いほど、小中学生の成績が悪くなるというデータが示されています(322)。

　一方、2000年から2016年まで、人口当たりの固定電話の契約数割合は40％～53％であるのに対して、スマホを含む携帯電話の契約数割合は増加し続け、2011年に100％を越え、2016年には129.8％になっています(323①)。

　また、「スマートフォン所有率は78％、タブレットは41％にまで躍進（2017年）（最新）(323②)」によると、2017年の東京都では、それぞれが77.5％と41.0％になったとしています。

スマホが普及しているけど、スマホの利用時間が長いと勉強時間が短くなるうえに、考えることをしなくなって成績が落ちるんだよ

国語も算数・数学もダメになるのかなあ？

日本人の日常生活はどうなっているの？ chapter

図151 携帯電話とスマホの普及率の推移

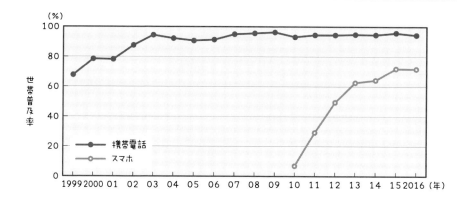

図152 スマホ使用時間と学力テスト平均正答率の関係

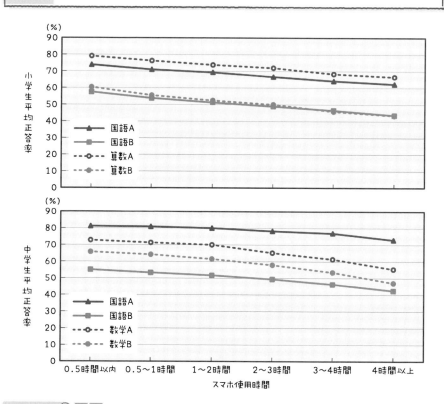

93 インターネット普及率と YouTubeの利用率はどのくらい？

「パソコンとインターネットの普及率の推移」によると、パソコンやスマートフォンの普及率の増加に伴って、**日本のインターネットの世帯利用率**は、図153に示すように推移しています(318)。

また、インターネットに接続できる家庭用ゲーム機が31.4%、携帯音楽プレイヤーが15.3%、その他が9.0%とされ、さらに、「iPhone Mania」によると、2019年には、**世界のインターネット利用時間**が初めてテレビの視聴時間を越えました(324)。

なお、「**世界のインターネット普及率**ランキング」によると、2016年時点でアイスランドが98.24%、リヒテンシュタインが98.09%、バーレーンが98.00%、アンドラが97.93%、ルクセンブルクが97.49%、ノルウェー97.30%、デンマーク96.97%、モナコ95.2%、イギリス94.78%、カタール94.29%、韓国92.72%、日本は193か国・地域中12位の92.00%とされています(325)。

一方、2016年の**日本におけるYouTubeの利用率**は、15歳〜19歳での男性は90%、女性は89%、20歳〜34歳の男性は84%、女性は78%、35歳〜49歳の男性は78%で、女性は72%、50歳〜59歳の男性は75%、女性は67%、すべての平均で77%が利用しているとされています(326)。

また、2016年のオンライン動画の視聴者数トップ7は、図154に示すようになっています(327)。すなわち、Google（グーグル）、Yahoo!（ヤフー）、Twitter（ツイッター）、Teads（ティーズ）、FC2、カドカワ、Facebook（フェイスブック）の順となっています。

インターネットは、1999年頃から急に普及しはじめ、最近の世帯普及率は90%くらいなのよ

インターネットの情報には、誤りだけでなく、ウソやデマも混ざっているから注意しなきゃね！

日本人の日常生活はどうなっているの？ ● chapter

図153 インターネット世帯利用率の推移

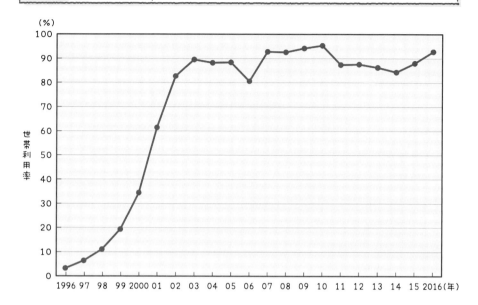

図154 オンライン動画の視聴者数トップ7

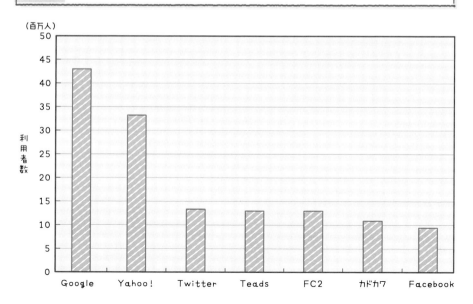

ここも見てね 91 92

199

94 防犯・監視カメラの設置台数はどのくらい？

　防犯・監視カメラは、犯罪発生件数が多い地域の小売店、スーパーマーケットやコンビニエンスストア等の施設内や敷地内の監視、および街頭、鉄道の駅、空港、学校、個人住宅、踏切の監視等に約300万台以上設置され、2015年の市場規模は4,000億円を突破したといわれています(328)。特に、アナログカメラは減少し、IP（ネットワーク）カメラの台数が図155のように増えるとされています(329①)。

　また、「監視カメラ世界市場に関する調査結果(2018)」によると、世界と中国の市場規模は、図156のようになるとされています(329②)。

　さらに、中国市場の拡大によって世界市場全体も高成長率ですが、価格の下落が顕著であることから、日米欧韓の主要メーカーでは、「付加価値ビジネス」、「提案型ビジネス」、「監視カメラをシステム全体として捉えたシステムビジネス」、「画像解析の拡充」、「マーケティング活用」、「顔認証」や「入退室システム連携等」のシステムビジネスを拡大しています。

　また、日米欧韓の主要企業は生き残りのために、全方位カメラによる切り出し画像の高画質化、動線把握活用等に動き出しました。特に、2017年は**4K監視**の時代の黎明期といえ、広域監視・切り出し・分割活用が動き出し、さらに、各種センサーとの連携により機器間通信/IoTを構成していくことが予測されます。これらによって、顔認証、動作解析、異常行動解析、滞留把握、混雑把握等が行われ、監視以外へも活用されてきています。

防犯カメラがとても増えたし、犯罪だけでなく、デモや暴動対策等にも使われるようになっているんだよ

犯罪防止はいいけど、監視社会になるのはいやよね！

日本人の日常生活はどうなっているの？ ● chapter

図155　IP（ネットワーク）カメラの国内出荷台数

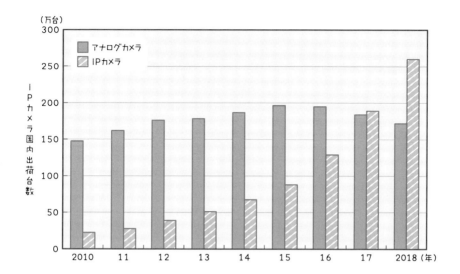

図156　防犯・監視カメラの世界市場と中国市場の変化

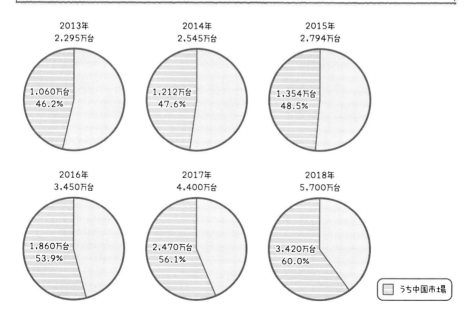

ここも見てね 28 73 74

95　温水洗浄便座の普及率はどのくらい？

　（一社）日本レストルーム工業会によると、**温水洗浄便座の普及率**は、図96に示した汚水処理施設の普及よりやや遅れ、**図157**のようになっています(330)。すなわち、1992年には普及率が13％程度であったものが、急速に増え、2003年には50％を越え、2017年には79.1％になっています。

　100世帯当たりの保有台数は、1992年には16台であったのが、2000年には50台になり、2012年には100台となり、2017年には110.9台となりました。

　なお、総務省の「平成26年全国消費実態調査」によると、2014年時点での、温水洗浄便座普及率の高い県と低い都府県は、**図158**に示すようになっています(312)。

　さらに、都道府県データランキングの「温水洗浄便座普及率」には2014年時点での都道府県別普及率の図が示されています(331)。

　一方外国では、温水洗浄便座はほとんど普及していません。これは、日本の水が軟水であるのに対して外国では硬水の地域が多く、シャワートイレに使用するとノズルが詰まる等のトラブルが生じ、また、水道水に不純物が多く含まれているため、人体に直接使用しにくいとされているためです。

　さらに欧米では、浴室とトイレとが一体となったユニットバスが普及しているので、トイレの傍にコンセントがなく、温水洗浄便座もないのが普通です。

　なお、飲めるようにした水道水をトイレに流さないですむようにするため、下水・排水の処理水や地下水をトイレに使うようにした団地や大学等もあります。

日本での温水洗浄便座の普及率は、1992年から2007年頃まで年に約4％ずつ増え、2016年以降は80％程度になっているのよ

外国には温水洗浄便座がほとんどないんだね！

日本人の日常生活はどうなっているの？ ● chapter

図157　温水洗浄便座普及率の推移

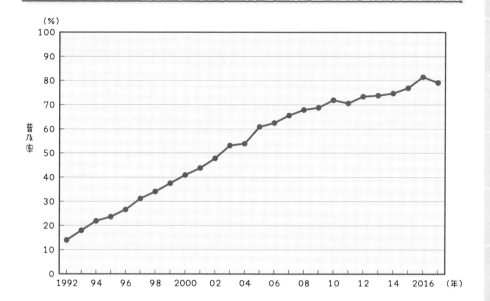

図158　温水洗浄便座の普及率が高い県と低い県

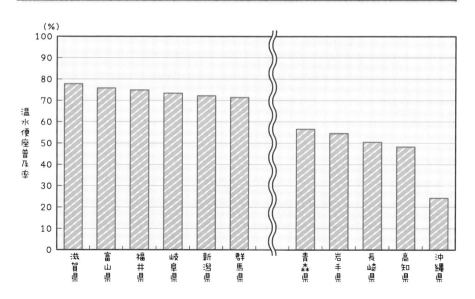

96 新聞の定期購読世帯数と発行部数・電子版契約数はどのくらい？

「新聞の発行部数と世帯数の推移」によると、**一般紙とスポーツ紙の発行部数**は、図159に示すように減少しています[332]。

また、朝刊と夕刊をセットで発行している新聞は、2000年には約1,819万部でしたが、2017年には970万部に大幅に減少し、朝刊単独紙は2000年の約3,370万部が2017年の3,149万部にやや減少したのに対して、夕刊単独紙は2000年の約182万部から2017年の94万部と、およそ半減しました。

一方、**新聞を購読している世帯数**は、2000年の約4,742万世帯から2017年の5,622万世帯に増加したことから、1世帯当たりの部数は1.13部から0.75部に、大幅に減少しています。

このため、各新聞社では電子版の普及に力を入れていますが、電子版の有料会員数はあまり伸びていません。例えば、電子版に力を入れている日本経済新聞の電子版会員数の変化を図160に示します[333]。**電子版新聞**は、情報の検索、保存、印刷、通知、共有等ができる重要な情報媒体と言え、各電子版の機能や料金を比較しているウェブサイトもあります[334][335]。

なお、書籍・雑誌・漫画の発行部数も減っています。

一方、「**報道の自由度**ランキング」によると、180か国・地域の上位はノルウェー、スウェーデン、オランダ、フィンランド、スイス等の順であり、最下位は北朝鮮、次いでエリトリア、トルクメニスタン、シリア、中国等で、韓国は43位、アメリカは45位、日本は67位です[336]。

スマートフォンやパソコンで様々な情報が得られるため、新聞の発行部数はだんだん減っているんだよ

それでも新聞にしかない良さがあって、4,000万部くらい発行されているんだね！

日本人の日常生活はどうなっているの？ ● chapter

図159　新聞の発行部数の推移

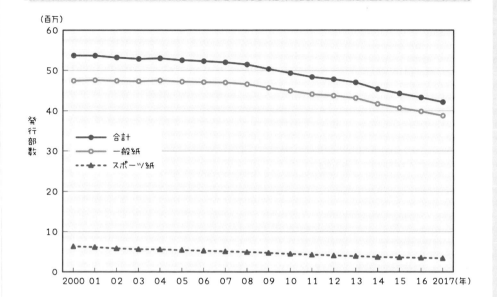

図160　日経電子版の会員数の推移

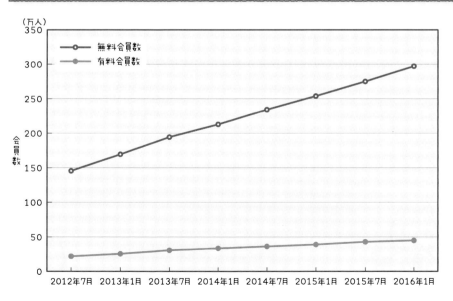

98 クレジットカードの発行枚数と利用額はどのくらい？

　帝国書院の統計資料「公民統計のクレジットカードの発行枚数の変化」と（一社）日本クレジット協会の「クレジット関連統計」によると、**クレジットカードの発行枚数**は、図163のように推移しています。

　また、2017年度の人口1人当たりのクレジットカードの発行枚数は、約2.09枚、20歳〜80歳の成人1人当たり2.76枚にもなります(339)(340)。

　さらに、小売店の電子商取引などに伴うクレジットカードショッピングの**信用供与額**(利用額)は、2005年に約26兆3,100億円であったものが、2017年には約58兆3,700億円になり(340)、最近5年間でも年率7.4%〜10.1%増え、クレジットカード1枚当たりの利用額も増えています。

　信用供与残高も増え続け、2017年12月末には11兆384億円になり、人口1人当たり約87,000円、20〜80歳の成人1人当たり約119,000円にもなります。この信用供与残高は、見方を変えると借金です。

　一方、経済産業省の調査によると、2017年末の**クレジットカードの取扱合計高**(利用額)約53兆9,989億円の利用先別の利用額は図164に示すようになっています(341)。この額は、平成30年度の一般会計税収である約59.1兆円に近く、20歳〜80歳の成人1人当たり562,905円にもなります。

　なお、2017年末の取扱合計高の約53兆9,989億円のうち、銀行系が約21.42兆円、信販系が約10.93兆円、商業系が約17.13兆円、その他が4.51兆円となっています。

クレジットカードの発行枚数は約2億7,000万枚にもなり、クレジットショッピングも急増しているわよ

現金で売買する方が安心できると思っている人は、少なくなってきているんだね

日本人の日常生活はどうなっているの？ ● chapter

図163 クレジットカード発行枚数の推移

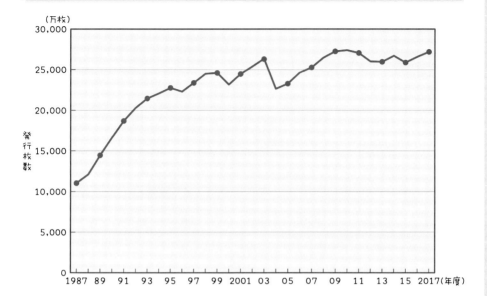

図164 クレジットカード利用先別利用額

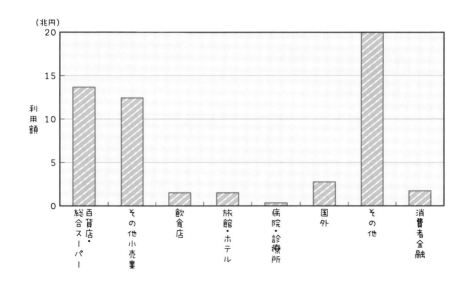

99　犬・猫の飼育数と殺処分数はどのくらい？

　（一社）日本ペットフード協会の「平成30年全国犬猫飼育実態調査」によると、**犬と猫の飼育数**は、**図165**のように推移しています(342)。

　すなわち、犬の飼育数は減少傾向であるのに対して、猫の飼育数はほぼ横ばいで、2017年からは犬の飼育数より多くなっています。

　また、2018年に飼育されている犬の種類は、チワワが14.0％、ミニチュアダックスフンドが13.0％、トイプードルが11.7％、雑種が9.9％、柴犬が9.4％等であり、猫の種類は、雑種が77.5％、種類不明が4.5％等となっています。

　なお、2018年に犬の飼育をしている人は、50歳代が14.5％で、60歳代が13.7％、20歳代が13.5％等で、全年齢層での犬の飼育割合は12.6％です。

　一方、2018年に猫の飼育をしている人の年代は、50歳代が11.3％、40歳代が10.8％、60歳代が10.4％等で、全年齢層での猫の飼育割合は9.8％であり、複数頭飼育している人もいます。

　さらに、環境省の「平成29年版環境統計集」によると、2015年度には約47,000頭の犬と約90,000頭の猫が引き取られ、約29,700頭の犬と約23,000頭の猫が譲渡・返還されています(343)。

　また、**犬と猫の殺処分数**は**図166**に示すように、犬は1990年から、猫は1993年から減っていますが、2015年度時点でも15,800頭の犬と67,091頭の猫が殺処分されています。このため、犬の殺処分をなくピースワンコ・ジャパンが、犬の殺処分をなくす目標をもって、様々な努力をしています(344)。

2017年には犬より猫の飼育数が多くなったけど、犬が年間約16,000頭、猫が年間約67,000頭、1年間に約73,000頭もの命が人によって奪われているんだよ

犬や猫の殺処分をなくす運動を支援したいな！

図165　犬と猫の飼育数の推移

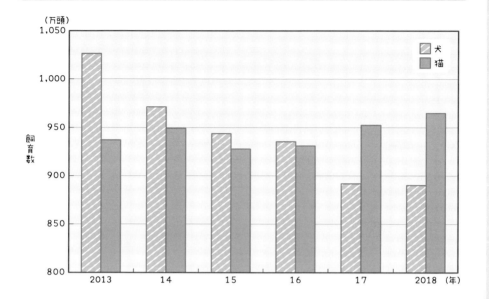

図166　犬と猫の殺処分数の推移

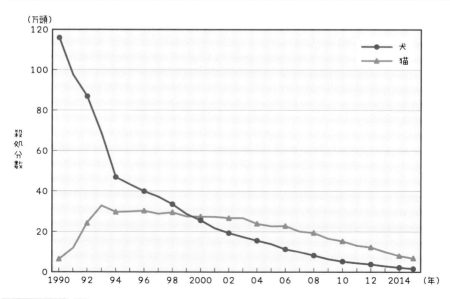

100 容器包装と食品廃棄物等の発生量・リサイクル量・処理量はどのくらい？

　環境省の「平成29年版環境統計集」によると、2017年3月時点の家庭ごみ全体に占める**容器包装廃棄物**の割合やプラスチックの生産量と排出量、および**図167**のような**アルミ缶**、**スチール缶**、**段ボール**、**ペットボトル**、**家庭系紙パック**、**発泡スチロール**のリサイクル率の推移が示されています(345)。

　この統計集には、特定家庭用電気機器再商品化等実施状況、および建設廃棄物の種類別排出量や品目別リサイクル状況、**食品廃棄物**等の発生および処理状況、使用済自動車の引取実績や自動車メーカー等によるシュレッダーダストなどのリサイクル率、パソコン・小型二次電池の自主回収・資源化の実績等が示されています。

　一方、農林水産省は、**図168**のような、2017年3月現在の食品関連産業からの廃棄物の実態を示しています(346)。なお、内閣府の政府広報オンライン「暮らしに役立つ情報」でも食品ロス削減を呼びかけています(347)。

　また、(一社)産業環境管理協会の資源・リサイクル促進センターでは、一般廃棄物と産業廃棄物の排出・処理状況、産業廃棄物処理施設と最終処分場の状況、各リサイクル法の実施状況等の情報を提供しています(348)。

　さらに、産経ニュースや朝日新聞デジタルは、**電子ごみ**の量や含まれている回収可能な金属資源の価値が550億ドルにもなると報じています(349)(350)。

これからは、過剰包装をなくし、レジ袋などの廃棄物になりやすい物にはかなり高めの値段を付けて、できるだけ使わないようにすることも必要になってくるわね

廃棄物を減らすためには、買う人の意識を変えることも重要だわね！

日本人の日常生活はどうなっているの？ chapter

図167 廃棄物になりやすい製品の生産量とリサイクル率の推移

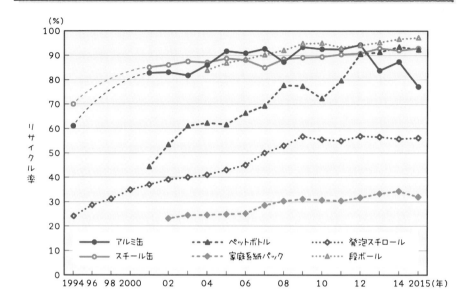

図168 食品廃棄物の再利用等の実施率と処分量

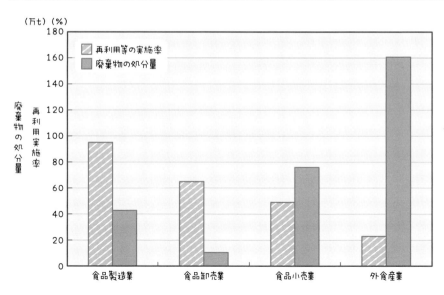

ここも見てね 70 82

おわりに

　ある側面から日本の環境や人あるいは日本人の暮らしを分析した本は非常に多くありますが、多角的・総合的に、かつ、わかりやすく書いた本はあまりありません。

　本書では、今までにはない方面からも多角的・総合的に、日本の環境や人と暮らしの位置づけや特徴をわかりやすくまとめるため、左ページに文章、右ページにデータを示し、日本はどんなところ？（1章・10テーマ）、日本人ってどんな人たち？（2章・18テーマ）、日本の基盤は大丈夫なの？（3章・15テーマ）、日本はどれだけ外国に頼っているの？（4章・13テーマ）、日本にはどんな施設があるの？（5章・15テーマ）、日本にはどんな店があるの？（6章・13テーマ）、日本人の日常生活はどうなっているの？（7章・16テーマ）の計7章・100テーマについて記述しました。

　読者の興味がある特定の面から見れば、本書でもまだ足りないことがあるかもしれませんが、日本の環境や人と暮らしについて、一通りの姿は分かるようになっていると考えています。

　本書をきっかけに、すばらしい日本と日本人について、多くの人の理解が進むことを期待しています。

　なお、本書を出版するにあたり、編集等にご尽力くださったオーム社書籍編集局の方々、また、著者らの所属する（有）環境資源システム総合研究所の皆さま、そして、私達を支えてくれている家族に心から感謝いたします。

引用・参考情報

※下記の引用・参考情報は執筆時点のものです。リンク切れ等生じる場合がありますので、ご了承ください。

◆ はじめに

(1) 総務省統計局、世界の統計2017、http://www.stat.go.jp/data/sekai/notes.html
（世界の統計2017は、第1章地理・気象、第2章人口、第3章国民経済計算、第4章農林水産業、第5章鉱工業、第6章エネルギー、第7章科学技術・情報通信、第8章運輸・観光、第9章貿易、第10章国際収支・金融・財政、第11章国際開発援助、第12章労働・賃金、第13章物価・家計、第14章国民生活・社会保障、第15章教育・文化、第16章環境、付録の諸外国の主要指標：人口、GDP、失業率、消費者物価指数、主要出典資料名一覧、世界の国の数、国連加盟国数、地域経済機構加盟国一覧から構成されている。）

(2) 総務省統計局、日本の統計2017、http://www.stat.go.jp/data/nihon/index2.html
（日本の統計2017は、Ⅰ部地理・人口 第1章国土・気象、第2章人口・世帯、Ⅱ部マクロ経済活動 第3章国民経済計算、第4章通貨・資金循環、第5章財政、第6章貿易・国際収支・国際協力、Ⅲ部企業・事業所 第7章企業活動、第8章農林水産業、第9章鉱工業、第10章建設業、第11章エネルギー・水、第12章情報通信、第13章運輸・観光、第14章卸売業・小売業、第15章サービス産業、第16章金融・保険、第17章環境、第18章科学技術、Ⅳ部労働・物価・住宅・家計 第19章労働・賃金、第20章物価・地価、第21章住宅・土地、第22章家計、Ⅴ部社会 第23章社会保障、第24章保健衛生、第25章教育、第26章文化、第27章公務員・選挙、第28章司法・警察、第29章災害・事故から構成されている。）

◆ 1章　日本はどんなところ？

■ 陸地面積はどのくらい？

(3) 国際連合データベース、Population, surface area and density、https://unstats.un.org/unsd/publications/statistical-yearbook/files/syb60/T02_Pop.pdf

(4) 世界経済のネタ帳、世界の面積ランキング、http://ecodb.net/ranking/area.html
（世界経済のネタ帳では、経済7項目、貿易8項目、財政8項目、人口6項目、社会7項目、環境4項目、合計40項目の国・地域別ランキングのほか、日本を含む200の国・地域の各種基本情報、エネルギーや食料などの国際指標価格の推移、各国通貨の為替レートの推移、各国の株価指数の推移などの情報、およびグラフ化ツールを提供している。本書では、40の国・地域別ランキングと日本についての情報の3項目のみを引用。）

(5) 環境省、平成29年版環境統計集、1章社会経済一般、国内基本指標、1.01都道府県別人口・面積・県内総生産・使用電力量、http://www.env.go.jp/doc/toukei/contents/tbldata/h29/2017-1.html
（環境省の平成29年版環境統計集では、1章社会経済一般として国内基本指標25項目と海外基本指標4項目、2章地球環境として温室効果ガス排出8項目、オゾン層破壊9項目、酸性雨5項目、水質3項目、水資源1項目、海洋汚染1項目、土壌汚染1項目、生物多様性2項目、森林資源2項目、開発途上国の環境問題1項目、3章自然環境として土地利用7項目、原生的な自然およびすぐれた自然の保全9項目、温泉の保護と利用4項目、都市公園1項目、水際線3項目、湿地の保全5項目、生物多様性6項目、動物の愛護および管理2項目、4章物質循環として物質フロー2項目、一般廃棄物14項目、産業廃棄物11項目、広域移動2項目、容器包装リサイクル10項目、家電リサイクル1項目、建設リサイクル2項目、食品リサイクル1項目、自動車リサイクル2項目、資源有効利用1項目、5章水環境として水質13項目、地下水汚染2項目、地下水質1項目、海洋汚染2項目、汚水処理9項目、土壌汚染6項目、地盤沈下2項目、6章大気環境として固定発生源8項目、移動発生源8項目、低公害車2項目、イオウ酸化物（モニタリング）2項目、窒素酸化物4項目、浮遊粒子状物質5項目、一酸化炭素

215

1項目、非メタン炭化水素1項目、有害大気汚染物質4項目、光化学オキシダント2項目、騒音・振動・悪臭6項目、7章化学物質としてダイオキシン類7項目、化学物質9項目、8章環境対策全般として行政17項目、企業9項目、市民・ＮＧＯ2項目を示している。本書では、関係の部分で引用。)

(6) 明治大学国際日本学部、鈴木研究室、国際日本データランキング、環境・エネルギー、http://dataranking.com/table.cgi?LG=j&RG=3&CO=Japan&GE=Pg&TP&TM=
(明治大学鈴木研究室の国際日本データランキングサイトでは、政治・政府、人口・家族、経済・産業、労働、教育・メディア、科学・技術、環境・エネルギー、国際関係、治安、健康、食べ物、余暇・スポーツ、人生の13テーマについて、世界、主要先進国、北欧、OECD加盟国、EUと日本、アジア、TPP加盟国での国別ランクが検索でき、相関も示している。本書では、関係省庁や公的機関等からの情報を主として引用。)

(7) 安井誠人・藪中克一、海洋開発論文集、第18巻、日本における海上埋立の変遷、http://library.jsce.or.jp/jsce/open/00011/2002/18-0119.pdf

(8) 国土地理院、平成30年都道府県市区町村別面積調、http://www.gsi.go.jp/KOKUJYOHO/MENCHO201710-index.html
(国土地理院の平成30年全国都道府県市区町村別面積調では、付録で湖沼面積、湖沼面積20傑、島面積、島面積20傑、全国都道府県市区郡町村数一覧を示している。)

❷ 陸地の森林面積割合はどのくらい?

(9) 環境省、平成29年版環境統計集、①2章地球環境、森林資源、2.32各国の森林の面積、および②3章自然環境、土地利用、原生的な自然及びすぐれた自然の保全、3.12自然公園の地域別面積、3.15原生自然環境保全地域・自然環境保全地域の面積、①http://www.env.go.jp/doc/toukei/contents/tbldata/2017-2.html、② http://www.env.go.jp/doc/toukei/contents/tbldata/2017-3.html

(10) 林野庁、森林・林業統計要覧(2017)、

http://www.rinya.maff.go.jp/j/kikaku/toukei/youran_mokuzi2017.html

(11) 国際連合食糧農業機関(FAO)、世界森林資源評価(FRA)2015、http://www.rinya.maff.go.jp/j/kaigai/attach/pdf/index-2.pdf

(12) 森林・林業学習館、世界の森林面積、http://www.shinrin-ringyou.com/forest_world/menseki_world.php

(13) 世界経済のネタ帳、世界の森林率ランキング、http://ecodb.net/ranking/wb_frstzs.html

(14) 国際統計・国別統計専門サイトGLOBAL NOTE、世界の森林率 国別ランキング・推移、http://www.globalnote.jp/post-1716.html
(国際統計・国別統計専門サイトGLOBAL NOTEでは、GDP・国民経済計算関係としてGDP22項目、GNI(国民総所得)4項目、為替・PPP8項目、家計経済7項目、貿易・国際収支関係として国際収支・貿易収支12項目、品目別貿易額50項目、サービス貿易16項目、貿易関連指標19項目、産業・ビジネス関係としてビジネス環境19項目、製造業24項目、サービス業8項目、情報通信15項目、運輸・交通・建設23項目、食品・農林水産業関係として農業経済・インフラ16項目、農産物生産量99項目、家畜・畜産物生産量14項目、水産物漁業生産量72項目、金融・物価関係として金融・経済25項目、金融業23項目、物価・価格18項目、エネルギー関係としてエネルギー消費11項目、電気・電力23項目、エネルギー資源14項目、エネルギー価格7項目、資源関係として石油・石炭・天然ガス18項目、鉱物資源55項目、水・その他資源9項目、教育関係として教育環境18項目、教育費15項目、高等教育27項目、医療・健康関係として医療体制・水準36項目、医療費9項目、病気・感染症31項目、出生・寿命23項目、健康・衛生16項目、政治・財政関係として政治・行政24項目、財政・税金44項目、法規制12項目、人口関係として人口・構成26項目、移民6項目、労働関係として労働力・労働者25項目、失業・雇用20項目、賃金・生産性13項目、生活・福祉関

係として生活環境・インフラ31項目、福祉・社会保障16項目、貧困・格差13項目、家計所得12項目、治安9項目、文化・観光関係として興業・娯楽7項目、観光9項目、国土・地理関係として自然・地理7項目、気象5項目、環境・温暖化関係としてCO_2・温暖化6項目、環境・汚染8項目、科学・技術関係として技術産業21項目、研究開発費9項目、研究人材13項目、知識・知的財産9項目について、国際比較統計データおよび170以上の国の統計データのランキングや時系列推移とグラフを登録者に提供している。本書では、公開されている10項目のみを引用。）

(15) (独)森林総合研究所 研究開発センター、世界の森林減少の状況、http://www.ffpri.affrc.go.jp/redd-rdc/ja/redd/deforestation.html

(16) 森林・林業学習館、世界の森林の減少速度、http://www.shinrin-ringyou.com/forest_world/menseki_gensyou.php

(17) 都道府県格付研究所、森林面積の割合ランキング、http://grading.jpn.org/DivSRB1106.html

（都道府県格付研究所では、概要103項目、土地・面積29項目、気象14項目、人口・人口移動102項目、世帯・家族構成56項目、経済基盤91項目、商業活動71項目、農林水産業68項目、エネルギー・水・通信35項目、運輸・交通22項目、労働72項目、物価・消費72項目、居住44項目、社会福祉・保健衛生50項目、教育118項目、文化・スポーツ68項目、医療・健康95項目、財政120項目、議会・選挙68項目、公務員・公共施設26項目、犯罪・交通事故38項目、公害・災害・火災49項目、ごみ・産業廃棄物10項目、保険30項目、所得・賃金55項目、家計・家財34項目、生活時間20項目、合計1,560項目の都道府県ランク、およびおすすめ65項目の情報を提供している。本書では、3項目のみを引用。）

❸ 陸地の耕地面積割合はどのくらい？

(18) 農林水産省、①2015年農林業センサス報告書、および②農地に関する統計、耕地面積、及び作付延べ面積、①http://www.maff.go.jp/

j/tokei/census/afc2015/280624.html、②http://www.maff.go.jp/j/tokei/sihyo/data/10.html

(19) 環境省、平成29年版環境統計集、2章地球環境、2.31各国の農用地面積、http://www.env.go.jp/doc/toukei/contents/tbldata/h29/2017-2.html#capt2

(20) 国際統計・国別統計専門サイトGLOBAL NOTE、①世界の耕地面積国別ランキング・推移、および②耕地面積率国別ランキング・推移、①http://www.globalnote.jp/post-790.html、②http://www.globalnote.jp/post-2333.html

(21) 国際統計格付センター、世界ランキング、世界・農地面積ランキング、http://top10.sakura.ne.jp/IBRD-AG-LND-AGRI-K2.html

（国際統計格付センターの世界ランキングでは、人口と面積70項目、健康と病気152項目、医療体制と医療費79項目、タバコと煙害44項目、飲酒の習慣とアルコール依存症105項目、出生と死亡61項目、生活と治安88項目、教育と学力55項目、交通と通信77項目、エネルギーと電気56項目、環境と汚染38項目、政治と国際162項目、経済と産業119項目、労働と雇用96項目、合計1,202項目の世界ランキング、およびおすすめ34項目を示している。本書では、4項目のみを引用。）

❹ 湖沼の数と湖沼面積はどのくらい？

(22) 国土地理院、調査実施湖沼一覧、http://www.gsi.go.jp/kankyochiri/koshou chousa-list.html

❺ 島の数と海岸線の長さはどのくらい？

(23) 総務省統計局、①良くある質問01A－Q04日本の島の面積、および②統計データ、平成27年国勢調査、①http://www.stat.go.jp/library/faq/faq01/faq01a04.html、②http://www.stat.go.jp/data/kokusei/2015/kekka.html

(24) 国土地理院、平成29年全国都道府県市区町村別面積調、①付3島面積、②付4島面積20傑、①http://www.gsi.go.jp/KOKUJYOHO/

口密度・20年間の推移・将来予測・一極集中の様子、https://mansionmarket-lab.com/tokyo-metropolitan-population
（マンション暮らし研究所では、各種ランキング、家賃相場、生活費、通勤・通学、暮らし・治安等のマンションに関する情報を示している。本書では、この項のみを引用。）

⓭ 平均寿命と平均余命はどのくらい？

(56) 厚生労働省、①平成29年（2017）人口動態統計の年間推計、および②平成28年簡易生命表の概況、① http://www.mhlw.go.jp/toukei/saikin/hw/jinkou/suikei17/dl/2017suikei.pdf、② http://www.mhlw.go.jp/toukei/saikin/hw/life/life16/index.html

(57) 世界経済のネタ帳、世界の平均寿命ランキング、http://ecodb.net/ranking/wb_le00in.html

(58) 内閣府、平成30年版高齢社会白書、http://www8.cao.go.jp/kourei/whitepaper/w-2018/gaiyou/30pdf_indexg.html

(59) 不破雷蔵、ガベージニュース、世界各国の子供・成人・高齢者比率をグラフ化してみる（2017年）、http://www.garbagenews.net/archives/1794029.html
（不破雷蔵のガベージニュースでは、経済・社会情勢分野を中心に、官公庁発表情報等の多彩な情報をグラフ化し、また複数要件を組み合わせて解説している。2017年1月時点で1,984項目の記事を示している。本書では、3項目のみを引用。）

⓮ 貧困率と幸福度はどのくらい？

(60) 厚生労働省、平成28年国民生活基礎調査の概況、Ⅱ各種世帯の所得等の状況、6貧困率の状況、http://www.mhlw.go.jp/toukei/saikin/hw/k-tyosa/k-tyosa16/index.html

(61) 国際統計・国別統計専門サイトGLOBAL NOTE、世界の貧困率国別ランキング・推移、https://www.globalnote.jp/post-10510.html

(62) 国際統計格付センター、世界ランキング、世界・貧困層の人口割合ランキング（CIA版）、http://top10.sakura.ne.jp/CIA-RANK2046R.html

(63) United Nations（国際連合）、J.F.Helliwell,R.Layard and J.D.Sachs、World Happines Report 2018、https://s3.amazonaws.com/happiness-report/2018/WHR_web.pdf

(64) Ran-King、2018国連世界幸福度ランキング日本順位は？ http://ran-king.jp/worldhappinessreport2018/
（Ran-Kingでは、都道府県、雑学、観光・イベント、経済・お金、飲食、スポーツ、美容・ダイエット、エンターテイメント、SNS、まとめの各種情報を提供している。本書では、この項目のみを引用。）

(65) 東洋経済オンライン、ライフ、最新通信簿！47都道府県「幸福度」ランキング、https://toyokeizai.net/articles/-/221831

⓯ 婚姻率・離婚率と出生数はどのくらい？

(66) 不破雷蔵、ガベージニュース、①日本の婚姻率、離婚率、初婚年齢の推移をグラフ化してみる、②先進国の出生率や離婚率などをグラフ化してみる、および③日本の出生率と出生数をグラフ化してみる（2018年）（最新）、① http://www.garbagenews.net/archives/2013777.html、② http://www.garbagenews.net/archives/2013779.html、③ http://www.gabagenews.net/archives/2013423.html

(67) GLOBAL NOTE、世界の合計特殊出生率国別ランキング・推移、https://www.globalnote.jp/post-3758.html

⓰ 健康保険加入率と医療機関受診回数はどのくらい？

(68) 厚生労働省、平成29年版厚生労働白書 資料編、保健医療、http://www.mhlw.go.jp/wp/hakusyo/kousei/17-2/dl/02.pdf

(69) 国土交通省、公共事業労務費調査（平成28年10月調査）における社会保険加入状況調査結果の公表、http://www.mlit.go.jp/common/001178759.pdf

(70) OECD、Health Statistic 2018、Health

引用・参考情報

Care Utilisation、https://stats.oecd.org/Index.aspx?DataSetCode=HEALTH_PROC

☑ 死亡率と事故死者・自殺者の人数はどのくらい？

（71）厚生労働省、平成29年（2017）人口動態統計（確定数）の概況、死因簡単分類別にみた性別死亡数・死亡率（人口10万対）、https://www.mhlw.go.jp/toukei/saikin/hw/jinkou/kakutei17/index.html

（72）アルファ社会科学（株）、本川裕、社会実情データ図録・交通事故件数・死者数の推移、http://www2.ttcn.ne.jp/honkawa/6820.html

（アルファ社会科学（株）の本川裕、社会実情データ図録では、食品・農林水産業、開発援助、人口・高齢化、健康、生活、社会問題・社会保障、労働、教育・文化・スポーツ、エネルギー、環境・災害、経済・GDP、物価、貿易、金融財政、行政、産業・サービス、科学技術、情報通信技術（IT）、運輸交通、観光、地域（国内）、地域（海外）の22分野についての多数のデータを図表で示している。本書では、6項目のみを引用。）

（73）都道府県・市区町村ランキングサイト、日本☆地域番付、都道府県の交通事故発生率番付、http://area-info.jpn.org/TrafPerPop.html

（都道府県・市区町村ランキングサイトの日本☆地域番付では、大卒職員初任給、短大卒職員初任給、高卒職員初任給、首長給与、議員報酬、住民1人当たりの生活保護費、議員定数、ごみのリサイクル率、パート住民税非課税額、住民1人当たりの借金、職員平均給与月額、平均年齢、65歳以上割合、男性平均寿命、女性平均寿命、犯罪発生率、交通事故発生率、電源立地地域対策交付金、財政力指数、完全失業率、住宅地標準価格、首長給料例規、議員報酬例規、中国人比率、韓国人・朝鮮人比率、ブラジル人比率、外国人比率、人口密度、人口総数、総面積（北方地域および竹島を除く）のランキングを示している。本書では、6項目のみを引用。）

（74）警察庁、平成29年中における自殺の状況、https://www.npa.go.jp/safetylife/

seianki/jisatsu/H29/H29_jisatunojoukyou_01.pdf

☑ 就業者の人数と失業率はどのくらい？

（75）総務省統計局、①労働力調査（詳細集計）平成29年（2017）平均結果、および②平成28年経済センサス−活動調査・調査の結果、① http://www.stat.go.jp/data/roudou/sokuhou/nen/dt/index.html、② http://www.stat.go.jp/data/e-census/2016/kekka/gaiyo.html

（76）厚生労働省、平成28年雇用動向調査結果の概況、http://www.mhlw.go.jp/toukei/itiran/roudou/koyou/doukou/17-2/dl/gaikyou.pdf

（77）国際統計・国別統計専門サイトGLOBAL NOTE、①世界の就業者数国別ランキング・推移（ILO）、および②世界の失業率国別ランキング・推移（ILO）、① https://www.globalnote.jp/post-14974.html、② https://www.globalnote.jp/post-7521.html

（78）世界経済のネタ帳、①世界の就業者数ランキング、および②世界の失業率ランキング、① http://ecodb.net/ranking/imf_le.html、② http://ecodb.net/ranking/imf_lur.html

（79）総務省、労働力調査（基本集計）都道府県別結果、2017年平均結果、http://www.stat.go.jp/data/roudou/pref/

（80）国際統計格付センター、世界ランキング、世界・若者の失業率ランキング、http://top10.sakura.ne.jp/CIA-RANK2229R.html

☑ 農業就業者と漁業就業者の人数はどのくらい？

（81）農林水産省、農業労働力に関する統計、http://www.maff.go.jp/j/tokei/sihyo/data/08.html

（82）農林水産省、①漁業労働力に関する統計、および②漁業就業動向調査、平成28年調査結果の概要、①http://www.maff.go.jp/j/tokei/sihyo/data/18.html、② http://www.maff.go.jp/j/tokei/kouhyou/gyogyou_doukou/index.html

221

⑳ 製造業・建設業・サービス業従事者の人数はどのくらい？

(83) 総務省統計局、労働力調査、長期時系列データ、http://www.stat.go.jp/data/roudou/longtime/03roudou.html

(84) アルファ社会科学（株）、本川裕、社会実情データ図録・産業別就業者数の推移、http://www2.ttcn.ne.jp/honkawa/5240.html

㉑ 研究者とノーベル賞受賞者の人数はどのくらい？

(85) 経済産業省、我が国の産業技術に関する研究開発活動の動向－主要指標と調査データ（第17.3版）、http://www.meti.go.jp/policy/economy/gijutsu_kakushin/tech_research/aohon/a17_3_zentai.pdf

(86) 総務省、科学技術研究調査 調査の結果、http://www.stat.go.jp/data/kagaku/kekka/index.html

(87) 総務省、統計Today No.119、最近の研究者数の国際比較と企業の研究者数の動向、http://www.stat.go.jp/info/today/119.html

(88) 国際統計・国別統計専門サイトGLOBAL NOTE、世界の研究者数 国別ランキング・推移（OECD）、http://www.globalnote.jp/post-10353.html

(89) Nobelprize org.、Nobel Laureates and Country of Birth、https://www.nobelprize.org/nobel_prizes/lists/countries.html

㉒ 議員と公務員の人数はどのくらい？

(90) 総務省、選挙・政治資金、選挙、http://www.soumu.go.jp/senkyo/senkyo_s/naruhodo03.html

(91) 国際統計・国別統計専門サイトGLOBAL NOTE、世界の国会議員数ランキング・推移、https://www.globalnote.jp/post-14480.html

(92) 国際統計格付センター、世界ランキング、世界・人口100万人当たりの国会議員数ランキング、http://top10.sakura.ne.jp/IPU-All-SeatsPerp.html

(93) 人事院、国家公務員の数と種類、http://www.jinji.go.jp/booklet/booklet_Part5.pdf

(94) 首相官邸ホームページ、行政改革の理念と目標、http://www.kantei.go.jp/jp/gyoukaku/report-final/l.html

(95) 総務省、地方公共団体の行政改革等、地方行革全般、地方行政サービス改革の推進に関する留意事項について（平成27年8月28日）、http://www.soumu.go.jp/main_content/000374975.pdf

㉓ 女性労働者と女性議員の人数はどのくらい？

(96) 厚生労働省、平成28年版働く女性の実情（Ⅰ部第2章）（概要版）、http://www.mhlw.go.jp/bunya/koyoukintou/josei-jitsujo/dl/16gaiyou.pdf

(97) 国立国会図書館、女性国会議員比率の動向、調査と情報-ISSUE BRIEF-NUMBER 883（2015.11.24）、http://dl.ndl.go.jp/view/download/digidepo_9535004_po_0883.pdf?contentNo=1

(98) Inter-Parliamentary Union（列国議会同盟）、World Average, Women in National Parliaments、http://archive.ipu.org/wmn-e/world.html
（Inter-Parliamentary Union：列国議会同盟は、スイスのジュネーヴに本部がある国民主権国家の議会による国際組織で、平和と安全保障、持続可能な開発、金融および貿易、民主主義および人権に関する情報を提供している。）

(99) 総務省統計局、統計トピックNo.100、過去最多を更新し続ける我が国の女性研究者 科学技術週間にちなんで、http://www.stat.go.jp/data/kagaku/kekka/topics/topics100.html

(100) 世界経済のネタ帳、男女平等度ランキング、http://ecodb.net/ranking/ggap.html

(101) The World Economic Forum（世界経済フォーラム）、The Global Gender Gap Report 2018、http://reports.weforum.org/global-gender-gap-report-2018/
（The World Economic Forum：スイスのジュネーブに本部を置く非営利財団で、ビジネ

ス界、政界、学界、主要国際機関等と連携して、世界・地域・産業の国際協調のための情報を提供している。）

24 医師の人数はどのくらい？

(102) 厚生労働省、①平成28年（2016）医師・歯科医師・薬剤師調査の概況、および②医療施設動態調査（平成29年12月末概数）、①http://www.mhlw.go.jp/toukei/saikin/hw/ishi/16/dl/gaikyo.pdf、② http://www.mhlw.go.jp/toukei/saikin/hw/iryosd/m17/dl/is1712_01.pdf

(103) 国際統計格付センター、世界ランキング、①世界・人口1千人当たりの医師数ランキング（WHO版）、および②世界・人口1千人当たりの病床数ランキング（WHO版）、①http://top10.sakura.ne.jp/IBRD-SH-MED-PHYS-ZS.html、② http://top10.sakura.ne.jp/IBRD-SH-MED-BEDS-ZS.html

25 歯科医師・薬剤師・看護師の人数はどのくらい？

(104) 日本歯科医師会、①歯科医師とは、歯科医師・歯科医療機関の数、および②2015年版歯科口腔保険・医療の基本情報資料編、① https://www.jda.or.jp/dentist/about/index_7.html、② https://www.jda.or.jp/dental_data/pdf/document.pdf

(105)（公社）日本看護協会、看護統計資料室、看護統計資料、http://www.nurse.or.jp/home/statistics/index.html

26 芸術家・プロスポーツ選手の人数はどのくらい？

(106) 文化庁、文化芸術関連データ集、http://www.bunka.go.jp/seisaku/bunkashingikai/seisaku/15/03/pdf/r1396381_11.pdf

(107)（公財）プロスポーツ協会、2013プロスポーツ年鑑、http://www.jpsa.jp/history.html

27 検定資格の数と受験者の人数はどのくらい？

(108) 日本の資格・検定運営事務局、日本の資格検定、https://jpsk.jp/

(109) 資格の門、https://shikaku-mon.com

（資格の門では、語学の資格36、法律の資格7、保安・技術の資格30、スポーツの資格43、事務の資格66、介護・福祉の資格15、美容の資格16、船・航空・自動車の資格30、医療の資格42、料理の資格53、趣味・娯楽の資格64、治安の資格10、動物の資格10、クリエーターの資格27、建築・電気の資格53、生活の資格47、教育の資格17、環境・自然の資格21、ITの資格60、衣類の資格12、その他の資格28の内容や受験者資格等々の説明とともに、人気度、難易度、就職・転職有利度、将来性、趣味度を評価し、五角形で表示している。）

28 犯罪件数と検挙者の人数はどのくらい？

(110) 法務省、平成29年版犯罪白書、http://hakusyo1.moj.go.jp/jp/64/nfm/mokuji.html

(111) 警察庁、①平成29年版警察白書、および②平成29年版犯罪被害者白書、①https://www.npa.go.jp/hakusyo/h29/pdf/pdfindex.html、② http://www.npa.go.jp/hanzaihigai/whitepaper/w-2017/html/zenbun/index.html

(112) 犯罪データにみる都道府県ランキング、https://ent.smt.docomo.ne.jp/article/598942

(113) 全国・全地域の犯罪発生率番付、http://area-info.jpn.org/CrimPerPopAll.html

◆ 3章　日本の基盤は大丈夫なの？

29 国内総生産（GDP）と国家予算はどのくらい？

(114) 内閣府、2017年度国民経済計算（2011年基準）フロー編Ⅰ総合勘定、http://www.esri.cao.go.jp/jp/sna/data/data_list/kakuhou/files/h29/h29_kaku_top.html

(115) 世界経済のネタ帳、①世界の名目GDP（USドル）ランキング、②世界の購買力平価GDP（USドル）ランキング、③世界の1人当たりの名目GDP（USドル）ランキング、④世界の1人当たりの購買力平価GDP（USドル）ランキング、および⑤アジアの名目GDP（USドル）ランキング、①http://ecodb.net/ranking/

imf_ngdpd.html、② http://ecodb.net/
ranking/imf_pppgdp.html、③ http://
ecodb.net/ranking/imf_ngdpdpc.html、
④ http://ecodb.net/ranking/imf_ppppc.
html、⑤http://ecodb.net/ranking/area/
A/imf_ngdpd.html

(116) 財務省、日本の財政関係資料（平成30
年10月）、第1部のⅠ我が国財政の現状、
https://www.mof.go.jp/budget/fiscal_
condition/related_data/201811.html

(117) 時事通信社、時事ドットコムニュース、
［図解・行政］①2018年度予算・一般会計の推
移、および②2018年予算案・国の税収の推移
（2017 年 12 月）、① https://www.jiji.com/jc/
graphics?p=ve_pol_Yosanzaisei20171222j-
01-w420、② https://www.jiji.com/jc/
graphics?p=ve_pol_yosanzaisei20171222j-
06-w350

（時事ドットコムニュースでは、ニュース、スポ
ーツ、写真・動画、特集、エンタメ・AKB48、
地域、ライフ、メディカルの8分野についての
ニュースを提供している。本書では、この項
目のみを引用。）

(118) 世界経済のネタ帳、世界の法定実効税率
ランキング、http://ecodb.net/ranking/
corporation_tax.html

(119) 都道府県・市区町村ランキングサイト、日
本☆地域番付、都道府県の財政力指数番付、
http://area-info.jpn.org/KS02002.html

30 防衛費と米軍基地関連予算はどのくらい？

(120) 防衛省・自衛隊、予算等の概要、平成30年度、
https://www.mod.go.jp/j/yosan/yosan.
html

(121) 国際統計・国別統計専門サイトGLOBAL
NOTE、世界の軍事費国別ランキング・推移、
https://www.globalnote.jp/post-3871.
html

(122) 世界経済のネタ帳、世界平和度指数ランキ
ング、http://ecodb.net/ranking/gpi.html

31 教育予算はどのくらい？

(123) 文部科学省、文部科学省の平成30年度予算、
http://www.mext.go.jp/a_menu/yosan/

h30/1394803.html

(124) 文部科学省、中央教育審議会、初等
中等教育分科会、教育行財政部会教育条
件整備に関する作業部会、義務教育費に
係る経費負担の在り方について（中間報
告）の 概 要、http://www.mext.go.jp/
b_menu/shingi/chukyo/chukyo3/
gijiroku/04053101/003.html

(125) アルファ社会科学（株）、本川裕、社会実情
データ図録、学校教育費の対GDP比（OECD
諸国、2014年）、http://www2.ttcn.ne.jp/
honkawa/3950.html

32 財政収支・経済成長率と開発途上国への貢献度はどのくらい？

(126) 世界経済のネタ帳、①日本の財政収支の
推移、②世界の財政収支（対GDP比）ラン
キング、③世界の歳入（対GDP比）ランキ
ング、④世界の歳出（対GDP比）ランキン
グ、⑤世界の基礎的財政収支（対GDP比）ラ
ンキング、⑥世界の政府総債務残高（対GDP
比）ランキング、⑦世界の政府純債務残高（対
GDP比）ランキング、⑧日本の経済成長率
ランキング、および⑨世界の経済成長率ランキ
ング、①http://ecodb.net/country/JP/
imf_ggxcnl.html、② http://ecodb.net/
ranking/imf_ggxcnl_ngdp.html、③http://
ecodb.net/ranking/imf_ggr_ngdp.html、
④ http://ecodb.net/ranking/imf_ggx_
ngdp.html、⑤ http://ecodb.net/ranking/
imf_ggxonlb_ngdp.html、⑥http://ecodb.
net/ranking/imf_ggxwdg_ngdp.html、⑦
http://ecodb.net/ranking/imf_ggxwdn_
ngdp.html、⑧http://ecodb.net/country/
JP/imf_growth.html、⑨ http://ecodb.
net/ranking/imf_ngdp_rpch.html

(127) （独）労働政策研究・研修機構、主要労働
統計指標、http://www.jil.go.jp/kokunai/
statistics/shuyo/index.html

（（独）労働政策研究・研修機構の主要労働統
計指標では、経済・経営分野の国民経済計算、
生産・出荷・在庫、貿易・国際収支、企業経
営・分配率、業況判断、生産性・賃金コスト、
物価、消費者物価上昇率・欧米の動向、経済・
経営・その他、人口・雇用・失業分野の人口・

労働力人口、就業者・雇用者、雇用形態別雇用者、常用雇用指数、雇用者数・欧米の動向、失業・雇用保険、失業率・欧米の動向、職業紹介・求人倍率、職業紹介・求人・求職・就職、職業紹介－都道府県別有効求人倍率、職業紹介－都道府県別新規求人倍率、雇用人員判断D.I.、雇用調整、賃金水準分野の賃金水準の動向、実収賃金・欧米の動向、初任給、賃上げ、賞与、労働時間分野の総実労働時間・所定内労働時間、所定外労働時間、労働災害分野の労働災害発生状況、勤労者生活分野の家計－家計所得、家計－消費支出、国民負担率、労働組合・労使関係分野の労使関係、諸外国の労働組合組織率の最新動向をExcel形式で提供し、主要労働統計指標月次をPDF形式で示している。本書では、この項目のみを引用。）

（128）外務省、国際協力白書・ODA白書、2017年版、第1章実績から見た日本の政府開発援助、http://www.mofa.go.jp/mofaj/gaiko/oda/files/000345949.pdf

（129）Center For Global Development、The Commitment to Development Index 2017、https://www.cgdev.org/commitment-development-index-2017

33 研究開発費はどのくらい？

（130）大臣官房総合政策課、大澤秀暁・山下裕介、研究開発投資の動向、ファイナンス2017.10、コラム経済トレンド、https://www.mof.go.jp/public_relations/finance/201710/271010n.pdf

（131）科学技術・学術政策研究所、①2015年度調査 結果の概要（2014年度の民間企業による研究開発活動の概況）、および②科学技術指標2017及び科学研究のベンチマーキングの公表について、①http://www.nistep.go.jp/wp/wp-content/uploads/NISTEP-NR168-SummaryJ.pdf、② http://www.nistep.go.jp/archives/33898

（132）国際統計・国別統計専門サイトGLOBAL NOTE、世界の研究開発費 国別ランキング・推移（OECD）、https://www.globalnote.jp/post-1683.html

（133）ITmedia、ビジネスオンライン、企業

の研究開発費ランキング、1位はアマゾン、http://www.itmedia.co.jp/business/articles/1710/25/news121.html（ITmediaでは、総合トップ、ニュース、ビジネス、経営、企業とIT、システム、導入、マーケ×IT、製造業、電力、スマホ、パソコン、AV家電、旬ネタ等についての話題提供をしている。本書では、この項目のみを引用。）

（134）東洋経済オンライン、研究開発費の大きい「トップ300社」はこれだ、http://toyokeizai.net/articles/-/166463

34 特許出願件数と特許取得件数はどのくらい？

（135）特許庁、特許出願等統計速報、平成30年2月分（4月17日作成）まで、https://www.jpo.go.jp/shiryou/toukei/syutugan_toukei_sokuho.html

（136）国際統計・国別統計専門サイトGLOBAL NOTE、①世界の特許出願総件数国別ランキング・推移（2016年）、②世界の特許取得総件数 国別ランキング・推移（2016年）、および③世界の国際特許出願件数国別ランキング・推移（2017年）、①https://www.globalnote.jp/post-5467.html、② https://www.globalnote.jp/post-5471.html、③ https://www.globalnote.jp/post-5380.html

（137）GAZETTE REVIEW、Top10 Most Intelligent Countries-2018 List、http://gazettereview.com/2016/06/top-10-most-intelligent-countries-in-the-world/（GAZETTE REVIEWは、2014年から、米国内と世界のビジネス、エンターテイメント、健康、科学、スポーツ、技術に関するトピックスを提供している。本書では、この項目のみを引用。）

35 ロボット技術の利用と市場予測額はどのくらい？

（138）経済産業省、①ロボット技術導入事例集、および②ロボット技術の介護利用における重点分野を改訂しました、①http://www.meti.go.jp/meti_lib/report/2011fy/E001537-1.pdf、②http://www.meti.go.jp/press/2013/02/20140203003/20140203003.html

（139）国土交通省、建設ロボット技術、http://www.mlit.go.jp/sogoseisaku/constplan/sosei_constplan_tk_000028.html

（140）新エネルギー・産業技術総合開発機構（NEDO）、ロボットの将来市場予測を公表、http://www.nedo.go.jp/news/press/AA5_0095A.html

36 業種別事業所数と中小企業数はどのくらい？

（141）経済産業省、平成29年企業活動基本調査速報、平成28年度実績、http://www.meti.go.jp/statistics/tyo/kikatu/result-2/h29sokuho.html

（142）中小企業庁、①2018年版「中小企業白書」「小規模企業白書」を公表します、および②2018年版小規模企業白書全文、① http://www.chusho.meti.go.jp/pamflet/hakusyo/180420hakushyo.html、② http://www.chusho.meti.go.jp/pamflet/hakusyo/H30/PDF/h30_pdf_mokujisyou.html

37 物価はどのくらい？

（143）総務省統計局、統計データ、消費者物価指数（CPI）、http://www.stat.go.jp/data/cpi/

（144）（公財）国際金融情報センター、世界各国の物価水準（日本の物価との比較）、http://www.jcif.or.jp/View.php?action=PublicWorldReport&R=41

（145）世界経済のネタ帳、世界のインフレ率ランキング、http://ecodb.net/ranking/imf_pcpipch.html

38 給与所得者の平均年収はどのくらい？

（146）国税庁、平成28年分民間給与実態統計調査結果について、https://www.nta.go.jp/kohyo/press/press/2017/minkan/index.html

（147）日本経済新聞、温まらない懐、ワケは「広がるワニの口」、https://vdata.nikkei.com/newsgraphics/wage2017

（148）人事院、平成29年国家公務員給与等実態調査の結果、http://www.jinji.go.jp/kankoku/kokkou/29kokkou.html

（149）総務省、平成29年地方公務員給与実態調査結果等の概要、http://www.soumu.go.jp/main_content/000524203.pdf

39 地方公務員と地方自治体議員の年収はどのくらい？

（150）給料.com、全国の自治体職員（全職種）の月収・年収ランキング（2017年）、http://kyuuryou.com/w678-2017.html

（151）都道府県・市区町村ランキングサイト、日本☆地域番付、全国・全地域の議員報酬例規番付、http://area-info.jpn.org/RKSenatPyAll.html

（152）NUMBEO、Rankings by Country of Average Monthly Net Salary（After Tax）、https://www.numbeo.com/cost-of-living/country_price_rankings?itemId=105& displayCurrency=USD（NUMBEOは、世界最大のデータベースで、生活費、資産、気候、医療、人口、生活の質、旅行等に関する最新情報を提供している。本書では、この項目のみを引用。）

（153）たばぞうの米国投資、世界の月収ランキング2017年版、https://www.americakabu.com/entry/%E4%B8%96%E7%95%8C%E3%81%AE%E6%9C%88%E5%8F%8E%E3%83%A9%E3%83%B3%E3%82%AD%E3%83%B3%E3%82%B0%EF%BC%92%EF%BC%90%EF%BC%91%EF%BC%97（たばぞうの米国投資サイトは個人のブログで、高配当の個別株、注目株、ETF、投資のヒント、本、配当、持ち株、社会分析、太陽光、イベントについての情報を提供している。本書では、この項目のみを引用。）

40 工業生産額と業種別売上額・利益はどのくらい？

（154）経済産業省、①統計から見る日本の工業、②鉱工業指数（IIP）で振り返る昭和・平成、および③平成29年企業活動基本調査（平成28年度実績）の結果（速報）を取りまとめました、① http://www.meti.go.jp/statistics/toppage/topics/kids/、② https://meti-journal.jp/p/5020、

引用・参考情報

③ http://www.meti.go.jp/press/ 2017/02/20180202002/2018020200 2.html

41 農林水産物の産出額はどのくらい？

（155）農林水産省、①農林水産統計平成28年 農業総産出額及び生産農業所得（全国）、② 同（都道府県別）、③農林水産基本データ集 （平成29年12月）、④農業生産に関する統計 （1）、および⑤農業生産に関する統計（2）、 ① http://www.maff.go.jp/j/press/tokei/ keikou/attach/ pdf/171226-1.pdf、② http://www.maff.go.jp/j/tokei/kouhyou/ nougyou_sansyutu/attach/pdf/index-4. pdf、③ http://www.maff.go.jp/j/tokei/ sihyo/index.html、④ http://www.maff. go.jp/j/tokei/shhyo/data/05.html、⑤ http://www.maff.go.jp/j/tokei/shhyo/ data/06.html

42 卸売業と小売業の年間商品販売額はどのくらい？

（156）経済産業省、平成26年度商業統計確報、 http://www.meti.go.jp/statistics/tyo/ syougyo/result-2/h26/index-kakuho. html

43 外国人留学生の人数はどのくらい？

（157）文部科学省、外国人留学生在籍状況調 査及び日本人の海外留学者数等について、 http://www.mext.go.jp/a_menu/koutou/ ryugaku/1345878.html

（158）（独）日本学生支援機構、平成29年度 外国人留学生在籍状況調査結果、http:// www.jasso.go.jp/about/statistics/intl_ student_e/2017/index.html

◆ 4章　日本はどれだけ外国に頼っているの？

44 海外在留邦人と在留外国人の人数はどのくらい？

（159）外務省、海外在留邦人数調査統計、平成 30年要約版、https://www.mofa.go.jp/ mofaj/files/000368754.pdf

（160）法務省、在留外国人統計（旧登録外国人統 計）統計表（2017年12月末）、http://www.

moj.go.jp/housei/toukei/toukei_ichiran_ touroku.html

45 訪日外国人の人数はどのくらい？

（161）国土交通省、観光庁、①平成30年版観光 白書（平成29年度観光の状況 平成30年度観 光施策）、②統計情報、出入国者数、③観光立 国推進基本計画、および④旅行・観光消費動 向調査（平成29年年間値）、①http://www. mlit.go.jp/statistics/file000008.html、 ② http://www.mlit.go.jp/kankocho/ siryoutoukei/in_out.html、③ http:// www.mlit.go.jp/common/001177992. pdf、④ http://www.mlit.go.jp/ common/001233130.pdf

（162）（独）国際観光振興機構（日本政府観光 局）、統計データ（訪日外国人・出国日本人）、 https://www.jnto.go.jp/jpn/statistics/ visitor_trends/index.html

（163）世界経済のネタ帳、観光競争力ランキング、 http://ecodb.net/ranking/ttc.html

46 貿易額はどのくらい？

（164）財務省、貿易統計、http://www.customs. go.jp/toukei/info/

（165）世界経済のネタ帳、①日本の貿易、②日 本の経常収支の推移、③日本の貿易輸出入額 の推移、④世界の貿易輸入額ランキング、⑤ 世界の貿易輸出額ランキング、⑥世界の外貨 準備高ランキング、⑦世界の経常収支ランキ ング、⑧世界の経常収支（対GDP比）ラン キング、および⑨国際競争力ランキング、① http://ecodb.net/country/JP/trade/、 ② http://ecodb.net/country/JP/imf_ bca.html、③ http://ecodb.net/country/ JP/tt_mei.html、④ http://ecodb.net/ ranking/tt_mimport.html、⑤ http:// ecodb.net/ranking/tt_mexport.html、⑥ http://ecodb.net/ranking/wb_restotl. html、⑦ http://ecodb.net/ranking/imf_ bca.html、⑧ http://ecodb.net/ranking/ imf_bca_ngdpa.html、⑨ http://ecodb. net/ranking/gcr.html

（166）国際統計格付センター、世界ランキング、

世界輸出額ランキング（WTO版）、http://top10.sakura.ne.jp/IBRD-TX-VAL-MRCH-CD-WT.html

（167）国際統計・国別統計専門サイトGLOBAL NOTE、①世界の貿易収支国別ランキング・推移、②世界の輸出額国別ランキング・推移、③世界の輸入額国別ランキング・推移、および④世界の技術貿易収支国別ランキング・推移、①https://www.globalnote.jp/post-3277.html、②https://www.globalnote.jp/post-399.html、③https://www.globalnote.jp/post-3402.html、④https://www.globalnote.jp/post-10360.html

47 化石燃料の輸出入額はどのくらい？

（168）資源エネルギー庁、①平成28年度エネルギー白書、②エネルギー消費統計調査、調査の結果、③日本のエネルギー、エネルギーの今を知る20の質問、および④各種統計情報（電力関係）、①http://www.enecho.meti.go.jp/about/whitepaper/2018pdf/、②http://www.enecho.meti.go.jp/statistics/energy_consumption/ec001/results.headline2、③http://www.enecho.meti.go.jp/about/pamphlet/pdf/energy_in_japan2016.pdf、④http://www.enecho.meti.go.jp/statistics/electric_power/ep002/results.html

（169）環境省、平成29年版環境統計集、1章社会経済一般、国内基本指標1.01〜1.05、1.07〜1.25、海外基本指標1.26〜1.28、http://www.env.go.jp/doc/toukei/contents/tbldata/h29/2017-1.html

（170）世界経済のネタ帳、①日本の石油輸出入額の推移、②世界の石油輸入額ランキング、③世界の石油輸出額ランキング、④世界の天然ガス輸入額ランキング、および⑤世界の天然ガス輸出額ランキング、①http://ecodb.net/country/JP/ts_oil.html、②http://ecodb.net/ranking/ts_oili.html、③http://ecodb.net/ranking/ts_oile.html ④http://ecodb.net/ranking/ts_gasi.html、⑤http://ecodb.net/ranking/ts_gase.html

48 技術の輸出入額はどのくらい？

（171）アルファ社会科学（株）、本川裕、社会実情データ図録、主要国の技術貿易収支の推移、https://honkawa2.sakura.ne.jp/5930.html

（172）総務省、平成29年版情報通信白書、我が国のICTインフラ輸出、第1部特集データ主導経済と社会変革、第4節広がるICT利活用の可能性（2）我が国のICTインフラ輸出、http://www.soumu.go.jp/johotsusintokei/whitepaper/ja/h29/html/nc144220.html

49 農林水産物全体の輸出入額はどのくらい？

（173）農林水産省、①農林水産物輸出入概況2017年（平成29年）、②農林水産物・食品の輸出に関する統計情報、農林水産物・食品の輸出実績平成29年（確定値）、および③農林水産物・食品の輸出の現状、①http://www.maff.go.jp/j/tokei/kouhyou/kokusai/attach/pdf/houkoku_gaikyou-6.pdf、②http://www.maff.go.jp/j/shokusan/export/e_info/zisseki.html、③http://www.kantei.go.jp/j/singi/nousui/kyouka_wg/dai1/siryou6-1.pdf

（174）経済産業省、通商白書①2017年版第3部第5章第2節食品輸出関連、および②2016年版、第2部第3章第4節 農林水産物・食品輸出の拡大、①http://www.meti.go.jp/report/tsuhaku2017/2017honbun/I3520000.html、②http://www.meti.go.jp/report/tsuhaku2016/2016honbun/i2340000.html

（175）首相官邸、農林水産業・地域の活力創造本部農林水産業の輸出力強化ワーキンググループ、国・地域別の農林水産物・食品の輸出拡大戦略、https://www.kantei.go.jp/jp/singi/nousui/kyouka_wg/dai10/siryou4-1.pdf

（176）国際統計・国別統計専門サイトGLOBAL NOTE、世界の農産物・食料品輸出国別ランキング・推移、https://www.globalnote.jp/post-3280.html

引用・参考情報

🔢50 食料全体の自給率と輸出入額はどのくらい？

（177）農林水産省、①日本の食料自給率、②知ってる？日本の食糧事情、③生産量と消費量で見る世界の小麦事情、④世界の穀物需給及び価格の推移、および⑤世界の食料事情と農産物貿易の動向 ア 世界の食料事情、①http://www.maff.go.jp/j/zyukyu/zikyu_ritu/012.html、②http://www.maff.go.jp/j/pr/annual/pdf/syoku_jijyou.pdf、③http://www.maff.go.jp/j/pr/aff/1602/spe1_02.html、④http://www.maff.go.jp/j/jki/j_zyukyu_kakaku/、⑤http://www.maff.go.jp/j/wpaper/w_maff/21_h/trend/part1/chap1/c1_01.html

（178）外務省、日本と世界の食料安全保障、http://www.mofa.go.jp/mofaj/files/000022442.pdf

🔢51 穀物の消費量と輸出入額はどのくらい？

（179）Heligi Library、Rice Consumption Per Capita、https://www.helgilibrary.com/indicators/rice-consumption-per-capita/（Heligi Libraryは、情報が不足の中央ヨーロッパおよび東ヨーロッパの情報を検索できるサイトで、農業、自動車、銀行、化学工業、建設業、エネルギー・ユーティリティ、食糧・飲料、保険、投資、メディア・エンターテイメント、金属・鉱山、軍隊・防衛隊、石油・ガス、紙・パルプ・林業、製薬、卸・小売、スポーツ・ゲーム、電話・ハイテク、タバコ、貿易、旅行等の関連会社を検索できる。本書では、この項目のみを引用。）

（180）OECD-FAO Aguricultial Outlook 2015,A.6.2 Rice projections: Consumption, per capita、https://www.OECD-ilibrary.org/agriculture-and-food/OECD-fao-agricultural-outlook-2015/rice-projections-consumption-per-capita_agr_outlook-2015-table125-en

🔢52 野菜・果物の消費量と輸出入額はどのくらい？

（181）農林水産省、①野菜をめぐる情勢 平成28年7月、および②果樹をめぐる情勢、①http://

www.maff.go.jp/j/seisan/ryutu/yasai/attach/pdf/index-62.pdf、②http://www.maff.go.jp/j/seisan/ryutu/fruits/attach/pdf/meguji0.pdf

（182）果物のある食生活推進全国協議会、毎日くだもの200グラム運動、http://www.kudamono200.or.jp/logo/index.html

（183）（一社）JC総研、農産物の消費動向に関する調査、野菜果物の消費動向調査、http://www.jc-so-ken.or.jp/agriculture/investigate02.php

（184）①野菜情報サイト野菜ナビ、および②果物情報サイト果物ナビ、①https://www.yasainavi.com/、②https://www.kudamononavi.com/（野菜ナビと果物ナビでは、野菜または果物についての図鑑、旬カレンダー、栄養成分表、統計等の情報を提供している。特に野菜統計と果物統計では、生産ランキング、輸出入ランキング、種類別ランキング、都道府県ランキング、世界ランキング等を示している。本書では、この項目のみを引用。）

🔢53 魚介類の消費量と輸出入額はどのくらい？

（185）水産庁、平成28年度水産白書、第1部平成28年度水産の動向、第Ⅱ章平成27年度以降の我が国水産の動向、①第2節我が国水産をめぐる動き、および②第3節我が国の水産物の需給・消費をめぐる動き、①http://www.jfa.maff.go.jp/j/kikaku/wpaper/H28/attach/pdf/index-17.pdf、②http://www.jfa.maff.go.jp/j/kikaku/wpaper/H28/attach/pdf/index-13.pdf

（186）農林水産省、漁業生産に関する統計、http://www.maff.go.jp/j/tokei/sihyo/data/17.html

（187）環境省、平成29年版環境統計集、1章社会経済一般、1.29水産物生産量（種類別捕獲量）、http://www.env.go.jp/doc/toukei/contents/1shou.html

🔢54 食肉・鶏卵の消費量と輸出入額はどのくらい？

（188）農林水産省、食肉鶏卵をめぐる情勢、http://www.maff.go.jp/j/chikusan/shokuniku/

229

lin/pdf/meguru_syoku.pdf

(189)（独）農畜産業振興機構、消費者コーナー、食肉の消費動向について、https://www.alic.go.jp/koho/kikaku03_000814.html

55 紙の消費量と輸出入額はどのくらい？

(190) 日本製紙連合会、製紙産業の現状、http://www.jpa.gr.jp/states/
（日本製紙連合会の製紙産業の現状では、製紙産業の概要、紙・板紙、パルプ、パルプ材、古紙、世界の中の日本について等の詳細情報を提供している。）

56 金属類の消費量と輸出入額はどのくらい？

(191) 経済産業省、①鉄鋼業の現状と課題、②金属素材産業の現状と課題への対応、③非鉄金属等需給動態統計、① http://www.meti.go.jp/committee/kenkyukai/sansei/kaseguchikara/pdf/010_s03_02_03_01.pdf、② http://www.meti.go.jp/policy/mono_info_service/mono/iron_and_steel/downloadfiles/Kinzokusozai2.pdf、③ http://www.enecho.meti.go.jp/statistics/coal_and_minerals/cm002/

(192) アルファ社会科学（株）、本川裕、社会実情データ図録、世界と日本の粗鋼生産量の長期推移、http://www2.ttcn.ne.jp/honkawa/5500.html

(193)（独）石油天然ガス・金属鉱物資源機構、資源ライブラリ、①金属資源事情、および②資源備蓄（金属鉱産物）、①http://www.jogmec.go.jp/library/index.html?recommend=1、② http://www.jogmec.go.jp/stockpiling/stockpiling_017.html

(194)（独）国際協力機構（JICA）、DATA BOOK 2010、日本・途上国相互依存度調査、05.資源・エネルギーから見る日本と途上国、https://www.jica.go.jp/aboutoda/interdependence/jica_databook/05/index.html

(195) 原田幸明、レアメタルの使用状況と需給見通し、廃棄物資源循環学会誌、第20巻、第2号、49-58頁（2009）

(196) 原田幸明、島田正典、井島清、2050年の金属使用量予測、日本金属学会誌、第71巻、第10号、831-839頁（2007）

◆ 5章　日本にはどんな施設があるの？

57 保育園と幼稚園の数はどのくらい？

(197) 厚生労働省、保育所等関連状況取りまとめ（平成29年4月1日）を公表します、https://www.mhlw.go.jp/stf/houdou/0000176137.html

(198) 文部科学省、学校基本調査－結果の概要（平成29年度）、http://www.mext.go.jp/b_menu/toukei/chousa01/kihon/kekka/k_detail/1388914.html

58 小中学校・高等学校・短期大学・大学の数はどのくらい？

→（198）

59 専修学校・専門学校と予備校・塾の数はどのくらい？

→（198）

(199) 経済産業省、特定サービス産業動態統計調査、①外国語会話教室、および②学習塾、① http://www.meti.go.jp/statistics/tyo/tokusabido/result/excel/hv56_01jxls、② http://www.meti.go.jp/statistics/tyo/tokusabido/result/excel/hv59_01j.xls
（経済産業省、特定サービス産業動態統計調査では、物品貸出業、物品賃貸業、情報サービス業、広告業、クレジットカード業、エンジニアリング業、インターネット付随サービス業、機械設計業、自動車賃貸業、環境計量証明業、およびゴルフ場、ゴルフ練習場、ボウリング場、遊園地・テーマパーク、パチンコホール、葬儀業、結婚式場業、外国語会話教室、フィットネスクラブ、学習塾についての統計表を示している。本書では、関連の6項目のみを引用。）

60 水道と汚水処理施設の普及率はどのくらい？

(200) 厚生労働省、水道の基本統計、水道普及率の推移、http://www.mhlw.go.jp/stf/seisakunitsuite/bunya/topics/bukyoku/kenkou/suido/database/kihon/

引用・参考情報

(201) 国土交通省、①下水道資料室、および②報道・広報、汚水処理人口普及率が90％を突破しました！、①http://www.mlit.go.jp/crd/city/sewerage/data.html、②http://www.mlit.go.jp/report/press/mizukokudo13_hh_000352.html

(202) 環境省、平成29年8月23日報道発表資料、平成28年度末の汚水処理人口普及状況について、http://www.env.go.jp/press/104441.html

(203) 不破雷蔵、ガベージニュース、下水道の普及率現状をグラフ化してみる、http://www.garbagenews.net/archives/2252289.html

⑥ 火力・原子力発電施設の発電量と再生可能エネルギー利用はどのくらい？

(204) 電気事業連合会、電気の歴史（日本の電気事業と社会）、http://www.fepc.or.jp/enterprise/rekishi/

(205) 資源エネルギー庁、①総合エネルギー統計、集計結果又は推計結果、平成28年度（2016年度）エネルギー供給実績（確報）、②電力調査統計表 過去のデータ、平成29年度、および③再生可能エネルギー政策の現状と課題、①http://www.enecho.meti.go.jp/statistics/total_energy/results.html、②http://www.enecho.meti.go.jp/statistics/electric_power/ep002/results.html、③http://www.econ.kyoto-u.ac.jp/renewable_energy/wp-content/uploads/2017/10/06.pdf

(206) 環境省、平成26年度2050年再生可能エネルギー等分散型エネルギー普及可能性検証検討委託業務報告書、http://www.env.go.jp/earth/report/h27-01/H26_RE_4.pdf

(207) 不破雷蔵、ガベージニュース、日本の一次エネルギー供給の動きをグラフ化してみる（エネルギー白書）（最新）、http://www.garbagenews.net/archives/2051463.html

(208) （株）ニューラル、夫馬賢治、Sustainable Japan、①日本の電力の供給割合［最新版］（火力・水力・原子力・再生可能エネルギ

ー）、および②世界各国の発電供給量割合［最新版］火力・水力・原子力・再生可能エネルギー）、①https://sustainablejapan.jp/2017/06/06/electricity-production/13961、②https://sustainablejapan.jp/2017/03/10/world-electricity-production/14138

（（株）ニューラル、夫馬賢治、Sustainable Japanは、2015年より日本経済新聞系列の情報関連企業QUICKと提携し、Environment, Social Governance（ESG）に関する情報を配信している。本書では、この項目のみを引用。）

⑥ 鉄道距離・道路距離と飛行場の数はどのくらい？

(209) 国土交通省、①鉄道輸送統計調査、結果の概要、および②鉄道輸送統計年報、平成28年度分、①http://www.mlit.go.jp/k-toukei/tetsuyu/tetsuyu.html、②http://www.mlit.go.jp/k-toukei/10/annual/10a0excel.html

(210) 都道府県データランキング、鉄道路線距離営業キロ数（2013年）、http://uub.jp/pdr/t/k.html

(211) 外務省、会見・発表・広報、世界いろいろ雑学ランキング、鉄道の長い国、http://www.mofa.go.jp/mofaj/kids/ranking/railway.html

(212) 国土交通省、①道路、質問：日本の道路の総延長はどのくらいですか？、および②空港一覧、①http://www.mlit.go.jp/road/soudan/soudan_10b_01.html、②http://www.mlit.go.jp/koku/15_bf_000310.html

⑥ 公園・遊園地・テーマパークの数はどのくらい？

(213) 国土交通省、都市公園データベース、http://www.mlit.go.jp/crd/park/joho/database/t_kouen/index.html

(214) 環境省、平成29年版環境統計集、3章自然環境、都市公園、3.21都市公園の現状（都道府県別）、http://www.env.go.jp/doc/toukei/contents/tbldata/h29/2017-3.html

(215) 経済産業省、平成29年特定サービス産業実

231

態調査報告書、公園、遊園地・テーマパーク編、http://www.meti.go.jp/statistics/tyo/tokusabizi/ result-2/h29/pdf/h29report26.pdf

64 図書館と書店の数はどのくらい？

(216) 日本図書館協会、日本の図書館統計、http://www.jla.or.jp/library/statistics/tabid/94/Default.aspx

(217) (福) 日本点字図書館、https://www.nittento.or.jp/service/rental/index.html

(218) 日本著者販促センター、書店数の推移1999年～2017年、http://1book.co.jp/001166.html

65 博物館・美術館の数はどのくらい？

(219) 文化庁、博物館の概要、http://www.bunka.go.jp/seisaku/bijutsukan-hakubutsukan/shinko/gaiyo/

(220) 文部科学省、社会教育調査－平成27年度結果の概要、http://www.mext.go.jp/component/b_menu/other/_icsFiles/afieldfile/2017/04/28/1378656_03.pdf

(221) 都道府県別統計とランキングで見る県民性、博物館数 [2008年第一位 長野県]、https://todo-ran.com/t/kiji/14222

(222) 都道府県別統計とランキングで見る県民性、美術館数 [2008年第一位 長野県]、https://todo-ran.com/t/kiji/14216

66 郵便局・ゆうちょ銀行の数はどのくらい？

(223) 日本郵便（株）、郵便局局数情報、オープンデータ、http://www.post.japanpost.jp/notification/storeinformation/index02.html

(224) 日本郵便（株）、地域社会と共に、https://www.post.japanpost.jp/about/csr/society/

67 病院・一般診療所と歯科診療所の数はどのくらい？

(225) 厚生労働省、①平成28年（2016）医療施設（動態）調査・病院報告（結果の概要）、および②統計表、①http://www.mhlw.go.jp/toukei/saikin/hw/iryosd/16/、② http://www.mhlw.go.jp/toukei/saikin/hw/iryosd/16/dl/03_toukei.pdf

68 介護事業所・介護施設の数はどのくらい？

(226) 厚生労働省、平成28年介護サービス施設・事業所調査の概況、http://www.mhlw.go.jp/toukei/saikin/hw/kaigo/service16/index.html

69 給油所と駐車場の数はどのくらい？

(227) 経済産業省、揮発油販売業者数及び給油所数の推移（登録ベース）、http://www.meti.go.jp/press/2017/07/2017074007/2017074007-1.pdf

(228) 国土交通省、駐車場政策担当者会議、平成28年度版自動車駐車場年報3.調査結果、http://www.mlit.go.jp/toshi/toshi_gairo_tk_000077.html

70 廃棄物関連施設の数はどのくらい？

(229) 環境省、①環境統計集（平成29年版）、4章物質循環、一般廃棄物、産業廃棄物、広域移動、②一般廃棄物の排出及び処理状況等（平成28年度）について、および③産業廃棄物の排出及び処理状況等（平成27年度実績）について、①http://www.env.go.jp/doc/toukei/contents/tbldata/h29/2017-4.html、②http://www.env.go.jp/recycle/waste_tech/ippan/h27/data/env_press.pdf、③http://www.env.go.jp/press/105043.html

(230) (公財) 日本産業廃棄物処理振興センター、学ぼう！産廃、産廃知識、①産業廃棄物処理の現状、および②最終処分場、①http://www.jwnet.or.jp/waste/knowledge/genjou.html、② http://www.jwnet.or.jp/waste/knowledge/saishushobunnjyou.html

71 寺院・神社・教会等の数はどのくらい？

(231) 文化庁、①宗教関連統計に関する資料集、および②宗教年鑑平成29年版、①http://www.bunka.go.jp/tokei_hakusho_shuppan/tokeichosa/shumu_kanrentokei/pdf/h26_chosa.

pdf、② http://www.bunka.go.jp/ tokei_hakusho_shuppan/hakusho_ nenjihokokusho/shukyo_nenkan/pdf/ h29nenkan.pdf

(232) odomon、都道府県別統計とランキングで みる県民性、①神社数、②寺院数、および③ 教会数（2016年）、①http://todo-ran.com/ t/kiji/14357、② http://todo-ran.com/t/ kiji/24362、③ http://todo-ran.com/t/ kiji/14371

（odomon、都道府県別統計とランキングでみ る県民性では、国土、社会・政治、産業・経済、 文化・くらし・健康、娯楽・スポーツ、店舗 分布、その他に分けて、1,177のランクを示 している。本書では、6項目のみを引用。）

(233) 知識連鎖（旧千日ブログ）、日本全国のお 寺・神社・教会の数京都の寺の数が意外、1 位じゃない、http://1000nichi.blog73.fc2. com/blog-entry-5656.html

（知識連鎖（旧千日ブログ）では、人生・生活、 雑学・歴史、食べ物・飲み物、医療・病気、学 校・教育、科学、文化・宗教、政治・政策、社 会・マスコミ、商品・サービス、企業・会社、 ビジネス・就活、ネット・ハイテク、投資・株、 海外・世界、動物・生物、および未分野につい ての約1万の投稿記事を掲載している。本書で は、この項目のみを引用。）

(234) ISLAMホームページ、マスジド（モスク） 分布図2015年、http://islamjp.com/benri/ masjidmap09.html

(235) 世界遺産オンラインガイド、世界遺産登録 数ランキング、https://worldheritagesite. xyz/ranking/ranking-2

◆ 6章　日本にはどんな店があるの？

72 銀行・信用金庫等と消費者金融の数はどのくらい？

(236) 金融庁、免許・許可・登録等を受けている 業者一覧、http://www.fsa.go.jp/menkyo/ menkyo.html

73 卸売店・小売店と不動産店の数はどのくらい？

(237) 経済産業省、①平成28年経済センサス一活 動調査 調査の結果、および②平成28年経済セ

ンサス一活動調査、産業別集計、卸売業、小売 業に関する集計、①http://www.meti.go.jp/ data/e-census/2016/kekka/ gaiyo.html、 ② http://www.meti.go.jp/statistics/tyo/ census/H28g_oroshi.pdf

(238) 国土交通省、不動産業に関するデータ 集、宅地建物取引業者数等（平成28年度）、 http://www.mlit.go.jp/totikensangyo/ const/1_6_bt_000205.html

(239) （一社）不動産協会、日本の不動産業2017、 http://www.fdk.or.jp/t_realestate/pdf/ jre2017.pdf

74 スーパーマーケットとコンビニエンスストアの数はどのくらい？

(240) （一社）新日本スーパーマーケット協会、統 計・データでみるスーパーマーケット、http:// www.j-sosm.jp/

(241) 経済産業省、平成29年上期小売業販 売を振り返る、http://www.meti.go.jp/ statistics/toppage/report/minikeizai/ pdf/h2amini086j.pdf

(242) odomon、都道府県別統計とランキングでみ る県民性、スーパーマーケット店舗数（2014 年）、http://todo-ran.com/t/kiji/11871

(243) （一社）日本スーパーマーケット協会・オ ール日本スーパーマーケット協会・（一社） 新日本スーパーマーケット協会、平成29 年度スーパーマーケット年次統計調査報告 書、http://www.super.or.jp/wp-content/ uploads/2017/10/H29nenji-tokei.pdf

(244) （一社）日本フランチャイズチェーン協会、 ①統計データ、コンビニエンスストア統計調 査月報2018年4月度、および②2016年度 「JFAフランチャイズチェーン統計調査」報告、 ① http://www.jfa-fc.or.jp/particle/320. html、② http://www.jfa-fc.or.jp/ particle/29.html

(245) odomon、都道府県別統計とランキングで みる県民性、①コンビニ店舗数（2017年）、お よび②コンビニ勢力図（2017年）、①http:// todo-ran.com/t/kiji/10328、② http:// todo-ran.com/t/kiji/10327

(246) 都道府県データランキング、コンビニエン ススストア、http://uub.jp/pdr/m/c.html

75 ファストフード店とファミリーレストランの数はどのくらい？

(247) （一社）日本フードサービス協会、①データからみる外食産業［2017年10月］実施概要、②外食産業市場動向調査、平成29年（2017年）年間結果報告、および③平成29年度外食産業市場規模推計について、①http://www.jfnet.or.jp/、② http://www.jfnet.or.jp/files/nenkandata-2017.pdf、③ http://anan-zaidan.or.jp/data/2018-1-1.pdf

(248) （一社）日本フランチャイズチェーン協会、統計データ、http://www.jfa-fc.or.jp/particle/29.html

(249) 不破雷蔵、ガベージニュース、2018年4月度外食産業売上プラス1.8%・20か月連続して前年比プラスを計上、http://www.garbagenews.net/archives/2189124.html

76 ラーメン店・すし店・飲食店・喫茶店の数はどのくらい？

(250) 厚生労働省、飲食店概要、http://www.mhlw.go.jp/stf/seisakunitsuite/bunya/kenkou_iryou/kenkou/seikatsu-eisei/seikatsu-eisei03/08.html

(251) 総務省統計局、統計データFAQ、06A－Q03飲食店の数、http://www.stat.go.jp/library/faq/faq06/faq06a03.html

(252) 都道府県格付研究所、飲食店数ランキング、http://grading.jpn.org/SRH6131.html

(253) odomon、都道府県別統計とランキングでみる県民性、①ラーメン店数［2017年第1位は山形県］、および②すし店舗数［2014年第1位は山梨県］、① http://todo-ran.com/t/kiji/11806、② http://todo-ran.com/t/kiji/13428

(254) 地域の入れ物、すし店数の都道府県ランキング（平成26年）、https://region-case.com/rank-h26-office-sushi-restaurant/（地域の入れ物サイトでは、様々な商品等の消費量と生産量のランク、製造業・小売店・飲食店・サービス・スポーツ・アミューズメント等の事業所数ランク、東京都23区、大阪府24区、横浜市18区、名古屋市16区の各種情報および各都道府県のホームページ、条例、人

物、歌、関係本等の情報を検索できる。本書では、この項目のみを引用。）

(255) CCER、回転寿司チェーン売上ランキング、https://www.home1990.net/entry/sushi

(256) Navi Net、居酒屋ナビ（全国の居酒屋検索サイト）、http://izakaya-navi.net/（Navi Netでは、都道府県ごとに、最寄駅、住所、店舗名で店を検索でき、また人気キーワードの紹介と情報、動画の紹介、動画サイトへのリンクをしている。本書では、この項目のみを引用。）

(257) NAVITIME、全国のカフェ/喫茶店一覧、https://www.navitime.co.jp/category/0301/

77 薬局・ドラッグストアとホームセンターの数はどのくらい？

(258) 厚生労働省、平成28年度衛生報告例の概況、結果の概要、薬事関係、http://www.mhlw.go.jp/toukei/saikin/hw/eisei_houkoku/16/dl/kekka5.pdf

(259) 薬キャリ 職場ナビ、ドラッグストア売上高ランキング（2017年版）、https://pcareer.m3.com/shokubanavi/feature_articles/11（薬キャリ職場ナビは、薬局・病院・企業の採用情報、および地域・業種や企業名・薬局名・病院名別で検索できる薬剤師や薬学部学生のための就職口コミサイトである。本書では、この項目のみを引用。）

(260) （株）日本ホームセンター研究所、ホームセンター名鑑2017、http://www.hci.co.jp/homecenter_meikan.html

(261) （株）流通ニュース、ホームセンター小売市場／2017年度は3兆9980億円規模に、https://www.ryutsuu.biz/strategy/j073119.html（流通ニュースでは、小売・通販・中間流通・メーカーの最新ニュースのほかに、店舗、経営、商品、販売促進、ネットショップ（EC）、トピックス、IT・システム、セミナー、月次、決算、行政、海外についての最新ビジネスニュースを無料登録者に対して月〜金発行のメールとWebサイトで提供している。本書では、

引用・参考情報

この項目のみを引用。）

（262）業界動向SEARCH.COM、ホームセンター業界、売上高ランキング（平成27-28年）、https://gyokai-search.com/4-home-uriage.html

（業界動向SEARCH.COMでは、業界研究や就職・転職、マーケティングなどに役立てるため、120超の業界を、金融関連の金融、銀行、証券、商品先物、損害保険、消費者金融、クレジットカード、リース会社、建設・不動産関連の建設、不動産、住宅、住宅設備、電気通信工事、土木、建設コンサル、ビル管理、高速道路、駐車場、物流・運送関連の運送、航空、鉄道、海運、倉庫・運輸、IT・メディア関連の通信、IT、ソフトウェア、インターネット、モバイル、携帯電話、携帯電話販売、ネット広告、テレビ、広告、出版、印刷、エネルギー・資源関連の石油、電力、ガス、化学、繊維、鉄鋼、非鉄金属、金属製品、ガラス、土石製品、製紙、ゴム・タイヤ、自動・機械関連の自動車、自動車部品、2輪車・バイク、中古車、機械、造船重機、プラント、建設機械、工作機械、パチンコ（製造）、電機・精密関連の家電、電気機器、重電、電子部品、精密機器、医療機器、時計、OA機器、半導体、食品関連の食品、パン、製粉、菓子、ビール、清涼飲料、水産・農林、飼料、小売・卸関連の小売、卸売、総合商社、専門商社、百貨店、スーパー、コンビニ、ドラッグストア、家電量販店、ホームセンター、スポーツ用品店、リサイクルショップ、カー用品店、生活関連のトイレタリー、製薬、インテリア、通販、文具、雑貨、スポーツ用品、衣料・装飾関連の化粧品、アパレル、靴、メガネ、ジュエリー、サービス関連のサービス、人材派遣、教育、介護、警備、冠婚葬祭、ブライダル、葬儀、コンサルティング、飲食関連の飲食、カフェ、寿司、居酒屋、中食、娯楽・レジャー関連の旅行、ホテル、レジャー施設、スポーツクラブ、ゴルフ場、カラオケ、映画、玩具、ゲームに分けて業界の動向を独自に調査し、各業界の業界規模の推移、課題や業績、今後の見通しや影響を与える経済動向などを多角的に調査・分析した結果を、業界一覧、各業界の天気図、成長産業、シェア、ランキング等として情報提供している。本書では、4項目のみを引用。）

78 家電量販店と100円ショップの数はどのくらい？

（263）経済産業省、専門販量販店販売統計月報、平成27年6月分確認、http://www.meti.go.jp/statistics/tyo/ryouhan/result/kakuho_2.html

（264）しんま13、マックで働くフリーターの備忘録、家電量販店チェーン店舗数ランキングベスト10［2019年度版］、https://blog.sinma.tokyo/entry/2018/01/13/080000

（265）お役立ちなんでも情報局、家電量販店の店舗数や売上げランキング！、http://zyohoo.com/5014.html

（お役立ちなんでも情報局では、食べ物、飲み物、イベント、ファッション、生活、家電、健康や病気等についての情報を提供している。本書では、この項目のみを引用。）

（266）激安！元家電量販店員カデンちゃんが語る業界裏事情！、最新版！2018年家電量販店売上高ランキング！、http://motokadenchan.seesaa.net/article/459325477.html

（元家電量販店員カデンちゃんが語る業界裏事情！は、元家電量販店員が家電量販店業界の安売り情報、値下げ交渉術、経営戦略、勢力図、店員の勤務内容、待遇などを紹介。本書では、この項目のみを引用。）

（267）しんま13、マックで働くフリーターの備忘録、［2018年版］100円ショップチェーン店舗数ランキングベスト10、http://blog.shinma.tokyo/entry/100%E5%86%86%E3%82%B7%E3%83%A7%E3%83%83%E3%83%97%E 97%E 3%83%81%E3%82%A7%E3%83%B C%E3%83%B3%E5%BA%97%E8%88%97%E6%95%B0

（268）geonedian.com、日本全国百円ショップマップ、店舗検索、https://hyakkin.geomedian.com/

（geomedian.comでは、100円ショップのほかに、スーパーマーケット、家電量販店、ドラッグストア、ホームセンター、ファッション系チェーンストア、眼鏡店・コンタクトレ

ンズ店、インテリアショップ・雑貨店、チェーン系書店・古本屋、チェーン系カフェ、ファストフード店、ファミリーレストラン、銀行・ATM、携帯キャリアショップ、フィットネスクラブ、レンタルビデオショップ、郵便局・ゆうちょ銀行などの住所、地図、駅から検索できる。本書では、この項目のみを引用。）

79 カラオケ店とパチンコ店・パチスロ店の数はどのくらい？

（269）（一社）全国カラオケ事業者協会、カラオケ白書、カラオケ業界の概要と市場規模、①カラオケ市場規模の推計、および②カラオケ施設の推移、① http://www.karaoke.or.jp/05hakusyo/P4.php、② http://www.karaoke.or.jp/05hakusyo/p1.php

（270）パチンコ・パチスロ情報島、パチンコホール店舗数推移、https://johojima.com/pdf/pachinko_tenpo_data.pdf

（271）（一社）日本遊技関連事業協会、http://www.nichiyukyo.or.jp/gyoukaiDB/k1_2018.php

80 フィットネスクラブ・スポーツクラブの数はどのくらい？

（272）経済産業省、特定サービス産業動態統計調査、18.フィットネスクラブ、http://www.meti. go.jp/statistics/tyo/tokusabido/result/excel/hv58_01j.xls

（273）井出仁、オフィス「仁」、フィットネスクラブ・業界の市場規模と推移動向・将来性、http://idegene.com/mktg/%E3%83%95%E3%82%A3%E3%83%83%E3%83%88%E3%83%8D%E3%82%B9%E3%82%AF%E3%83%A9%E3%83%96%E5%B8%82%E5%A0%B4%E8%A6%8F%E6%A8%A1%E6%8E%A8%E7%A7%BB%E5%8B%95%E5%90%91
（井出仁、オフィス「仁」は、個人による市場調査、マーケティング、WEB制作、動画制作等をする無料マーケティングアドバイスサイトである。本書では、4項目のみを引用。）

（274）odomon、都道府県別統計とランキングでみる県民性、スポーツクラブ数［2014年第1位 東京都］、http://todo-ran.com/ts/kiji/13234

（275）ザ・ビジネスモール、（株）クラブビジネスジャパン、フィットネスビジネス、フィットネス業界のデータとトレンド：日米英、http://www.fitnessclub.jp/business/date/compare.html
（ザ・ビジネスモールは、日本商工会議所・商工会が運営する無料の商取引支援サイトで、取引先の検索、仕事の発注・依頼、商談案件情報、自社のPRの掲載などができ、約5万の事業所が登録している。本書では、この項目のみを引用。）

81 マッサージ・指圧・はり・きゅう等施術所の数はどのくらい？

（276）厚生労働省、平成28年度衛生報告例の概況、3就業あん摩・マッサージ・指圧師・はり師・きゅう師・柔道整復師及び施術所、http://www.mhlw.go.jp/toukei/saikin/hw/eisei/16/dl/gaikyo.pdf

（277）（独）国民生活センター、手技による医業類似行為の危害－整体、カイロプラクティック、マッサージ等で重症事例も、http://www.kokusen.go.jp/news/data/n-20120802_1.html

82 リユース・リサイクル店の数はどのくらい？

（278）経済産業省、政策について、政策一覧、リサイクル、リサイクル施策について、http://www.meti.go.jp/policy/energy_environment/shigenjunkan/index.html

（279）環境省、廃棄物・リサイクル対策、http://www.env.go.jp/recycle/circul/index.html

（280）経済産業省、平成29年度我が国におけるデータ駆動型社会に係る基盤整備（電子商取引に関する市場調査）報告書、第5章5.1.4リユース市場の全体像、http://www.meti.go.jp/policy/it_policy/statistics/outlook/h29report.pdf

（281）（一社）日本リユース業協会、リユースの今、http://www.re-use.jp/now/

（282）（一社）ジャパン・リサイクル・アソシエーション、http://www.jrca-reuse.com/index.html
（（一社）ジャパン リサイクルアソシエーショ

引用・参考情報

ンは、古物市場、リユースを営む会社や個人経営者などの6,500社で構成され、営利目的でなく、リユース業界の地位向上のために活動している団体。)

(283) 中古・リユースビジネスに関する総合ニュースサイト、リサイクル通信、http://www.recycle-tsushin.com/

83 結婚相談所の数はどのくらい？

(284) 日本結婚相談所連盟、結婚相談所を探す、http://www.ibjapan.com/area/

(285) Conshare、自治体の婚活・結婚支援サービス47都道府県まとめ、http://conshare.net/municipality-service
（Conshareは、婚活体験談、婚活情報ブログ、婚活まとめ、婚活グループ等の情報を有料で提供している。本書では、この項目のみを引用。）

(286) 佐賀新聞Live、932市区町村が結婚支援 同通信調査、http://www.saga-s.co.jp/articles/-/87227

(287) 楽天オーネット、https://onet.rakuten.co.jp/
（楽天オーネットでは、Webで婚活計画、サービス、料金案内、みんなの婚活体験談、結婚相談所比較、全国40支社の紹介等の情報を提供している。本書では、この項目のみを引用。）

(288) フェリーチェ、http://www.felice.cc/about/
（フェリーチェは、メディカル人材企業数社と提携して、医療関係者を中心とした結婚紹介をする民間サイト。本書では、この項目のみを引用。）

(289) 井出仁、オフィス「仁」、婚活ビジネスの市場規模.動向と戦略づくり＋集客のヒント、http://idegene.com/mktg/marriage-hunting-business-environment

84 葬儀社と墓地の数はどのくらい？

(290) 経済産業省、特定サービス産業動態統計調査、15.葬儀業、http://www.meti.go.jp/statistics/tyo/tokusabido/result/excel/hv47_01j.xls

(291) 全日本葬祭業協同組合連合会（全葬連）、http://www.zensoren.or.jp/

(292) 内閣府ホームページ、全日本葬祭業協同組合連合会、松本勇輝、葬儀業界の現状（平成29年4月28日）、http://www.cao.go.jp/consumer/history/04/kabusoshiki/other/meeting5/doc/170428_shiryou5_1.pdf

(293) 井出仁、オフィス「仁」、葬儀市場の市場規模と動向をマーケティング的に市場調査、https://marketing.idegene.com/%e8%91%ac%e5%84%80%e5%b8%82%e5%a0%b4%e8%a6%8f%e6%a8%a1%e3%81%a8%e5%8b%95%e5%90%91%e3%83%9e%e3%83%bc%e3%82%b1%e3%83%86%e3%82%a3%e3%83%b3%e3%82%b0%e3%81%a7%e3%81%ae%e5%b8%82%e5%a0%b4%e8%aa%bf%e6%9f%bb

(294) 業界動向SEARCH.COM、葬儀業界、https://gyokai-search.com/3-sougi.html

(295) 政府統計の総合窓口、衛生行政報告例、平成28年度衛生行政報告例、統計表第4章生活衛生、墓地・火葬場・納骨堂数、経営主体・都道府県―指定都市―中核都市別（再掲）別（2016年度）、https://www.e-stat.go.jp/stat-search/files?page=1&layout=datalist&toukei=00450027&tstat=000001031469&cycle=8&tclass1=00000113516&tclass2=000001103555&tclass3=000001107815&second2=1

◆ 7章　日本人の日常生活はどうなっているの？

85 持ち家割合と住宅面積はどのくらい？

(296) 総務省統計局、平成30年住宅・土地統計調査、http://www.stat.go.jp/data/jyutaku/2018/pdf/g_gaiyou.pdf

(297) 国土交通省、住宅に関する現状と課題、第1節地域に住まう、2住宅に関する現状と課題、http://www.mlit.go.jp/hakusyo/mlit/h20/hakusho/h21/html/k11120000.html

(298) 都道府県データランキング、持ち家比率、https://uub.jp/pdr/h/home.html

237

(299) 都道府県別統計とランキングで見る県民性、持ち家住宅延べ床面積[2013年第1位富山県]、http://todo-ran.com/t/kiji/11967

(300) 不破雷蔵、ガベージニュース、世代別の持ち家と借家の割合をグラフ化してみる（2015年）(最新)、http://www.garbagenews.net/archives/1846515.html

(301) 都道府県・市区町村ランキングサイト、日本☆地域番付、都道府県の住宅地標準価格(平均価格)番付(2015)、http://area-info.jpn.org/C5401.html

86 自動販売機の台数はどのくらい？

(302) （一社）日本自動販売システム機械工業会、インフォメーション館、http://www.jvma.or.jp/information/information_3.html
（（一社）日本自動販売システム機械工業会のインフォメーション館では、飲料自動販売機、食品自動販売機、たばこ自動販売機、券類自動販売機、日用品雑貨自動販売機、両替機、自動精算機・およびその他の自動サービス機の2016年12月末現在の中身商品別の普及台数、自販金額、それらの前年比を示している。）

87 電子商取引数と宅配数はどのくらい？

(303) 経済産業省、電子商取引に関する市場調査の結果をとりまとめました～国内BtoC－EC市場規模が16.5兆円に成長。国内CtoC－EC市場も拡大～、http://www.meti.go.jp/press/2018/04/20180425001/20180425001.html

(304) 国土交通省、平成28年度 宅配便取扱実績について、http://www.mlit.go.jp/report/press/jidosha04_hh_000136.html

88 海外旅行者と国内旅行者の人数はどのくらい？

(305) 外務省、世界いろいろ雑学ランキング、日本人が多く訪問している国・地域、https://www.mofa.go.jp/mofaj/kids/ranking/kaigai.html

(306) 法務省入国管理局、出入国管理統計・統計表年表、http://www.moj.go.jp/housei/toukei/toukei_ichiran_nyukan.html

89 バス・タクシー・ハイヤーの台数と利用者の人数はどのくらい？

(307) （公社）日本バス協会、①2016年版日本のバス事業、および②平成29年度版日本のバス事業と日本バス協会の概要、①http://www.bus.or.jp/about/pdf/h28_busjigyo.pdf 、② http://www.bus.or.jp/about/pdf/h29_nba_brochure.pdf

(308) 国土交通省、国土幹線道路部会資料4、バス事業の現状について平成29年6月23日（日本バス協会）、http://www.mlit.go.jp/common/001190066.pdf

(309) 国土交通省、自動車関係情報・データ、バス事業者数、http://www.mlit.go.jp/common/001289940.pdf

(310) （一社）全国ハイヤー・タクシー連合会、統計調査、http://www.taxi-japan.or.jp/content/?p=article&c=575&a=15
（（一社）全国ハイヤー・タクシー連合会の統計調査では、経営関係の全国の事業者数及び車両数の推移、都道府県別事業者数及び車両数（平成28年3月末）、各種規模別事業者数（平成27年度末）、輸送人員及び営業収入の推移、従業員数及び運転者の推移、輸送統計資料（国土交通省）、タクシー車両用機器（カード等決済用端末機、タコグラフ、ETC車載器）導入状況（平成29年3月末）、低公害車の導入状況（平成29年3月末）、交通事故関連の交通事故発生状況の推移、自動車用ドライブレコーダー導入状況（平成29年3月末）、労働関連の労働組合組織実態調査（17年～28年隔年）、タクシー運転者の賃金・労働時間の現況（18年～29年）、女性乗務員採用状況調査結果（18年～29年）、定時制乗務員採用状況結果（20年～27年、29年は新卒を含む、隔年）、その他として禁煙タクシー（法人）に係る取組状況（平成23年7月1日）、禁煙タクシー（法人）導入状況（平成23年3月末の事業者数・車両数）、タクシーの防犯設備設置状況（平成29年3月末）の情報等を公開。）

90 乗用車と自転車の保有台数はどのくらい？

(311) 総務省、情報通信白書平成30年度版、第5章ICT分野の基本データ、第2節ICTサービ

引用・参考情報

スの利用動向、http://www.soumu.go.jp/johotsushintokei/whitepaper/ja/h30/n5200000.pdf

（312）総務省、平成26年全国消費実態調査、主要耐久消費財に関する結果、結果の概要、http://www.stat.go.jp/data/zensho/2014/pdf/gaiyo.pdf

（総務省の平成26年全国消費実態調査、主要耐久消費財に関する結果、結果の概要では、自家用車の他に、たんす、ルームエアコン、テレビ、ベッド・ソファーベッド、電気掃除機、カメラ、床暖房、冷蔵庫、携帯電話、ビデオレコーダー、スマートフォン、食器戸棚、洗濯機、電子レンジ、書斎・学習机、自動炊飯器、ノート型パソコン、温水洗浄便座、LED照明器具、食堂セット、カーナビゲーションシステム、洗髪洗面化粧台、サイドボード・リビングボード、鏡台（ドレッサー）、空気清浄器機、システムキッチン、デスクトップ型パソコン、ビデオカメラ、ピアノ・電子ピアノ、食器洗い機、タブレット端末、ホームベーカリー、IHクッキングヒーター、高効率給湯器、オートバイ・スクーター、電動アシスト自転車、太陽光発電システム、太陽熱温水器、ホームシアター、家庭用エネルギー管理システム、家庭用コジェネレーションシステムの所有状況とその変化の情報を示している。本書では、これらのうちで、自家用車、電動自転車、テレビ、ノート型とデスクトップ型のパソコン、携帯電話とスマートフォン、温水洗浄便座について、関連のところで引用。）

（313）アルファ社会科学（株）、本川裕、社会実情データ図録、主要耐久消費財の世帯普及率推移、http://www2.ttcn.ne.jp/honkawa/2280.html

（314）国土交通省、平成26年度政策レビュー結果、自転車交通（平成27年3月）、http://www.mlit.go.jp/common/001085121.pdf

（315）（一財）自転車産業振興協会、統計、自転車生産動態・輸出入、https://www.jbpi.or.jp/statistics_list.cgi?cid=1

（316）アルファ社会科学（株）、本川裕、社会実情データ図録、①乗用車・バイク・自転車の世帯普及率の推移、②自転車普及台数の国際比

較、①http://www2.ttcn.ne.jp/honkawa/6380. html、② http://www2.ttcn.ne.jp/honkawa/6371.html

91 カラーテレビとパソコンの保有台数はどのくらい？

（317）不破雷蔵、ガベージニュース、カラーテレビの普及率現状をグラフ化してみる（2017年）（最新）、http://www.garbagenews.net/archives/2059804.html

（318）アルファ社会科学（株）、本川裕、社会実情データ図録、パソコンとインターネットの普及率の推移、http://www2.ttcn.ne.jp/honkawa/6200.html

（319）総務省、平成29年版情報通信白書、第3部基本データと政策動向、第6章ICT分野の基本データ、①第1節ICT産業の動向、および②第2節ICTサービスの利用動向、①http://www.soumu.go.jp/johotsusintokei/whitepaper/ja/h29/pdf/n6100000.pdf、② http://www.soumu.go.jp/johotsusintokei/whitepaper/ja/h29/pdf/n6200000.pdf

92 スマートフォンの普及率はどのくらい？

（320）総務省、平成29年版情報通信白書、第1部データ主導経済と社会変革、第1章スマートフォン社会の現在と将来、http://www.soumu.go.jp/johotsusintokei/whitepaper/ja/h29/pdf/n1100000.pdf

（321）世界経済のネタ帳、世界の携帯電話契約数ランキング、http://ecodb.net/ranking/icts_mcts.html

（322）文部科学省、川島隆太、くらしのメモ、スマホ使用で成績・学力が下がる 小中学生調査、https://kurashinomemo.com/98#2014

（323）不破雷蔵、ガベージニュース、①各国の固定電話と携帯電話の普及率推移をグラフ化してみる（先進国編）（最新）、および②スマートフォン所有率は78%、タブレットは41%にまで躍進（2017年）（最新）、①http://www.garbagenews.net/archives/1959981.html、② http://www.garbagenews.net/archives/2170355.html

239

93 インターネット普及率とYouTubeの利用率はどのくらい？

(324) iPhone Mania、https://iphone-mania.jp/

(325) 世界経済のネタ帳、世界のインターネット普及率ランキング、http://ecodb.net/ranking/icts_internet.html

(326) impress社、Web担当者のYouTubeの日本の利用率は77%とGoogleが発表（2016年調査結果）、https://webtan.impress.co.jp/n/2017/06/09/25999

(327) トラベルボイス、日本人のネット動画利用2016、視聴者数1位はYoutube提供のグーグル、17歳以下は「ツイッター」が人気、https://www.travelvoice.jp/20160713-70108

94 防犯・監視カメラの設置台数はどのくらい？

(328) （株）富士経済、PRESS RELEASE、セキュリティー関連市場を調査、http://www.group.fuji-keizai.co.jp/press/pdf/170214_17011.pdf

(329) （株）矢野経済研究所、①レポートサマリー IPカメラ国内市場に関する調査を実施（2016）、②プレスリリース、No.1868、監視カメラ世界市場に関する調査を実施（2018）、① http://www.yanoict.com/summary/show/id/437、②https://www.yano.co.jp/press-release/show/press_id/1868
（（株）矢野経済研究所では、特定ビジネス分野の市場規模、企業シェア、将来予測、メジャープレイヤの動向等を産業別の専門リサーチャーが調査してまとめ、年間約2,000区分のマーケット・データを提供。本書では、この項目のみを引用。）

95 温水洗浄便座の普及率はどのくらい？

(330) トイレナビ、（一社）日本レストルーム工業会、各種統計、統計から見る温水洗浄便座の普及、http://www.sanitary-net.com/trend/spread.html

(331) 都道府県データランキング、温水洗浄便座［普及率］平成26年調査、https://uub.jp/

pdr/h/ww.html

96 新聞の定期購読世帯数と発行部数・電子版契約数はどのくらい？

(332) （一社）日本新聞協会、調査データ、新聞の発行部数と世帯数の推移、https://www.pressnet.or.jp/data/circulation/circulation01.php

(333) edgefirstのブログ、日経電子版、デジタル単独購読比率55%に、有料会員は約45万、http://edgefirst.heteblo.jp/cntry/2016/01/21/190145

(334) LINE（株）、NAVERまとめ、新聞の電子版を比較してみた、https://matome.naver.jp/odai/2148186872907175101

(335) 宮兵衛、節約投資のススメ、新聞の電子版比較〜デジタル版なら新聞以外も読める！、https://www.danna-salary.com/setuyaku/degital-newspaper-compared/#i-8

(336) 世界経済のネタ帳、報道の自由度ランキング、http://ecodb.net/ranking/pfi.html

97 書籍・雑誌・漫画の発行部数と販売額はどのくらい？

(337) （一社）日本雑誌協会（JMPA）、JMPAマガジンデータ2018（2017年版）、http://www.j-magazine.or.jp/data_002/main.html
（JMPAマガジンデータでは、多くの雑誌を、男性用の総合誌として総合月刊誌、週刊誌、その他総合誌、ライフデザイン誌として男性ヤング誌、男性ヤングアダルト誌、男性ミドルエイジ誌、男性シニア誌、ビジネス誌としてビジネス・マネー誌、情報誌としてモノ・トレンド情報誌、趣味専門誌としてスポーツ誌、自動車・オートバイ誌、コミック誌として少年向けコミック誌、男性向けコミック誌、女性用の総合誌として女性週刊誌、ライフデザイン誌として女性ティーンズ誌、女性ヤング誌、女性ヤングアダルト誌・女性ミドルエイジ誌・女性シニア誌、ライフカルチャー誌としてマタニティ、育児誌、生活実用情報誌、ビューティ・コスメ誌、ナチュラルライフ誌、情報誌としてエリア情報誌、旅行・レジャー誌、コミック誌として少女向けコミック誌、女性向けコミック誌、男女共用のライフデザイン誌

引用・参考情報

としてファミリー・子育て誌、シニア誌、情報誌としてエリア情報誌、テレビ情報誌、食・グルメ情報誌、フリーマガジン、趣味専門誌として旅行・レジャー誌、スポーツ誌、文芸・歴史誌、健康誌、エンターテインメント情報誌、ゲーム・アニメ情報誌、建築・住宅誌、業界・技術専門誌、その他趣味・専門誌、時刻表、ムック、子供誌に分類して出版社名や発行部数を示している。）

(338)（公社）全国出版協会、出版科学研究所、日本の出版統計、http://www.ajpea.or.jp/statistics/
（日本の出版統計では、1994年からの書籍、月刊誌、週刊誌、コミックス・コミック誌、ムック、文庫の販売額の推移を示している。）

98 クレジットカードの発行枚数と利用額はどのくらい？

(339) 帝国書院、統計資料、公民統計、クレジットカードの発行枚数の変化、https://www.teikokushoin.co.jp/statistics/history_civics/index19.html

(340)（一社）日本クレジット協会、クレジット関連統計、http://www.j-credit.or.jp/information/statistics
（（一社）日本クレジット協会のクレジット関連統計では、クレジットカードショッピング、ショッピングクレジット、クレジットカード発行枚数等の年次統計、および月次のクレジットカード動態調査とショッピングクレジット動態調査、4半期調査のクレジットカード不正使用被害額調査、過去の調査結果に基づく統計、および参考としての消費者金融関連統計を示している。）

(341) 経済産業省、特定サービス産業動態統計調査、4. クレジットカード業、http://www.meti.go.jp/statistics/tyo/tokusabido/result/excel/hv45_01j.xls

99 犬・猫の飼育数と殺処分数はどのくらい？

(342)（一社）日本ペットフード協会、平成29年全国犬猫飼育実態調査、http://www.petfood.or.jp/data/chart2017/index.html

(343) 環境省、平成29年版環境統計集、3.36動物取扱業の登録・届出状況、3.37犬及び猫の

引取り、譲渡・返還、殺処分の推移、http://www.env.go.jp/doc/toukei/contents/pdfdata/h29/2017_all.pdf

(344) ピースワンコ・ジャパン、https://peace-wanko.jp/

100 容器包装と食品廃棄物等の発生量・リサイクル量・処理量はどのくらい？

(345) 環境省、平成29年版環境統計集、4章物質循環、4.30家庭ごみ全体に占める容器包装廃棄物の割合、4.31プラスチックの生産量と排出量、4.32アルミ缶販売量とリサイクル率の推移、4.33スチール缶販売量とリサイクル率の推移、4.34段ボールの回収率の推移、4.35ペットボトルの生産量と回収率の推移、4.36ペットボトル再商品化製品の利用状況、4.37家庭系紙パック販売量と回収率の推移、4.38容器包装リサイクル法に基づく分別収集・再商品化の実績、4.39発泡スチロールの生産量とマテリアルリサイクル率の推移、4.40特定家庭用電気機器再商品化等実施状況、4.41建設廃棄物の種類別排出量、4.42建設廃棄物の品目別リサイクル状況等、4.43食品廃棄物等の発生及び処理状況、4.44使用済自動車の引取実績（移動報告件数）、4.45自動車メーカー等によるシュレッダーダスト（ASR）等のリサイクル率、4.46パソコン・小型二次電池の自主回収・資源化の実績、http://www.env.go.jp/doc/toukei/contents/tbldata/h29/2017-4.html

(346) 農林水産省、食品廃棄物等の年間発生量及び食品循環資源の再生利用等実施率について、http://www.maff.go.jp/j/shokusan/recycle/syokuhin/attach/pdf/kouhyou-10.pdf

(347) 内閣府、政府広報オンライン 暮らしに役立つ情報、もったいない！食べられるのに捨てられる「食品ロス」を減らそう、https://www.gov-online.go.jp/useful/article/201303/4.html
（政府公報オンラインでは、政府が国民生活に身近な話題や政府の重要課題をピックアップし、新聞・雑誌の記事や動画、ラジオ番組、スポットCMなどで伝えるためのポータルサイ

241

トで、特集のほかに、暮らし・安全分野の生活・消費、製品安全、トラブル解決、交通安全、防犯、火災・救急、環境・エネルギー、および子育て・教育分野、健康・医療分野、災害・国民保護分野の防災・減災、国民保護、復旧・復興、社会保障・税分野の年金、マイナンバー、税、福祉・介護等、国際・観光分野の渡航・観光、国際、経済・経営・労働分野の経済、経営・融資等、労働、人権・文化等分野、および高齢の方、障害のある方についての情報が提供している。本書では、この項目のみを引用。）

(348)（一社）産業環境管理協会 資源・リサイクル促進センター、廃棄物・リサイクルデータ（主要品目）、http://www.cjc.or.jp/data/main.html

（（一社）産業環境管理協会 資源・リサイクル促進センターの廃棄物・リサイクルデータには、廃棄物の全体状況（一般廃棄物＋産業廃棄物）、一般廃棄物の排出・処理状況、産業廃棄物の排出・処理状況、産業廃棄物処理施設・最終処分場の状況、およびガラスびん・スチール缶・アルミ缶・ペットボトル・発泡スチロール・古紙・使用済み自動車・廃家電品・建設副産物・プラスチック・容器包装リサイクル法実施状況・自転車・パソコン・自動車用タイヤ・小型充電式電池・自動車用バッテリー・携帯電話のリサイクル率が示されている。）

(349) 産経ニュース、「電子ごみ」再利用20％、16年の廃棄は4,000万トン、http://www.sankei.com/world/news/171214/wor1712140008-n1.html

（産経ニュースでは、スポーツ、パラスポーツ、エンタメ、ライフ、地方、100歳時代、ドローン等に分けてニュースを登録者に有料で提供している。本書では、電子ごみの記事のみを引用。）

(350) 朝日新聞デジタル、世界の電子ごみ4,470万トン資源価値は6兆円以上、http://www.asahi.com/articles/ASKDC54JHKDCULBJ00W.html

（朝日新聞デジタルでは、政治、経済、社会、国際、スポーツ、カルチャー、サイエンスな

どの速報ニュースに加え、教育、医療、環境、ファッション、車などの話題や写真等を登録者に有料で提供している。本書では、電子ごみの記事のみを引用。）

〈著者略歴〉

浦野 紘平（うらの　こうへい）

1942 年東京生まれ。横浜国立大学工学部卒業。東京工業大学大学院総合理工学研究科博士課程修了、工学博士。通商産業省公害資源研究所（現 産業技術総合研究所）研究員。横浜国立大学工学部 講師、助教授、教授。横浜国立大学環境情報研究院 教授、特任教授を経て名誉教授。横浜国立大学発ベンチャー（有）環境資源システム総合研究所、会長。エコケミストリー研究会代表。
＜著書＞
「地球環境問題がよくわかる本」（オーム社）「私たちを包む化学物質」（コロナ社）「地球大気環境とその対策」（オーム社）「生態環境リスクマネジメントの基礎」（オーム社）「生態系サービスと人類の将来」（オーム社）「化学物質のリスクコミュニケーション手法ガイド」（ぎょうせい）ほか 50 冊

浦野 真弥（うらの　しんや）

1969 年横浜生まれ。東京農工大学工学部卒業。東京農工大学大学院工学研究科博士課程前期修了。京都大学大学院工学研究科博士課程後期単位取得退学、工学博士。京都大学環境保全センター研究員。豊橋技術科学大学博士研究員、横浜国立大学教務補佐員を経て（有）環境資源システム総合研究所所長。エコケミストリー研究会幹事。
＜著書＞
「地球環境問題がよくわかる本」（オーム社）「私たちを包む化学物質」（コロナ社）

- 本文デザイン：羽田眞由美（ユニックス）
- 猫イラスト：清野郁代（ユニックス）

- 本書の内容に関する質問は、オーム社書籍編集局「（書名を明記）」係宛に、書状または FAX（03-3293-2824）、E-mail（shoseki@ohmsha.co.jp）にてお願いします。お受けできる質問は本書で紹介した内容に限らせていただきます。なお、電話での質問にはお答えできませんので、あらかじめご了承ください。
- 万一、落丁・乱丁の場合は、送料当社負担でお取替えいたします。当社販売課宛にお送りください。
- 本書の一部の複写複製を希望される場合は、本書扉裏を参照してください。

JCOPY ＜出版者著作権管理機構 委託出版物＞

日本の環境・人・暮らしがよくわかる本

2019 年 7 月 25 日　　第 1 版第 1 刷発行

著　　者　浦野紘平・浦野真弥
発 行 者　村上和夫
発 行 所　株式会社 オーム社
　　　　　郵便番号　101-8460
　　　　　東京都千代田区神田錦町 3-1
　　　　　電話　03(3233)0641（代表）
　　　　　URL　https://www.ohmsha.co.jp/

© 浦野紘平・浦野真弥 2019

組版 ユニックス　印刷・製本 中央印刷
ISBN978-4-274-22405-8　Printed in Japan